TURING 图灵程序设计丛书

Sams Teach Yourself SQL in 10 Minutes
Fifth Edition

SQL 必知必会

（第5版）

[美] 本·福达（Ben Forta）◎著
钟鸣 刘晓霞 ◎译

人民邮电出版社
北 京

图书在版编目（CIP）数据

SQL必知必会 ： 第5版 / （美） 本·福达
(Ben Forta) 著 ； 钟鸣， 刘晓霞译. -- 2版. -- 北京 ：
人民邮电出版社， 2020.8
（图灵程序设计丛书）
ISBN 978-7-115-53916-8

Ⅰ. ①S… Ⅱ. ①本… ②钟… ③刘… Ⅲ. ①SQL语言
Ⅳ. ①TP311.132.3

中国版本图书馆CIP数据核字(2020)第073634号

内容提要

SQL 是使用最广泛的数据库语言，绝大多数重要的 DBMS 支持 SQL。本书由浅入深地讲解了 SQL 的基本概念和语法，涉及数据的排序、过滤和分组，以及表、视图、联结、子查询、游标、存储过程和触发器等内容，实例丰富，便于查阅。新版对书中的案例进行了全面的更新，并增加了章后挑战题，便于读者巩固所学知识。

本书适合 SQL 初学者，也可供广大开发及管理人员参考。

◆ 著　　[美] 本·福达（Ben Forta）
译　　钟　鸣　刘晓霞
责任编辑　傅志红
◆ 人民邮电出版社出版发行　　北京市丰台区成寿寺路11号
邮编　100164　　电子邮件　315@ptpress.com.cn
网址　https://www.ptpress.com.cn
北京天宇星印刷厂印刷
◆ 开本：880×1230　1/32
印张：8　　2020年8月第2版
字数：206千字　　2025年4月北京第26次印刷
著作权合同登记号　图字：01-2020-1754号

定价：49.00元

读者服务热线：(010)84084456-6009　印装质量热线：(010)81055316
反盗版热线：(010)81055315

版权声明

致　谢

感谢 Sams 出版团队这些年来对我的支持、奉献和鼓励。过去 20 年来，我们一起出版了 40 多本书，当然，这本小书一直是我最钟爱的，我要感谢出版社给我极大的创作自由，在我觉得合适的时机和方向去发展出系列作品。

感谢在亚马逊书店发表书评的人们，他们建议我每章后面加上习题，这一版已经采纳。

感谢众多读者对本书前四版提供的反馈。幸好大多数意见都对我表示了肯定，我感谢所有提出意见的人。作为回应，这一版做了相应的改进和增补。欢迎大家对新版继续提出宝贵意见。

有好几十所学校将本书作为其 IT 和计算机科学课程的教材或参考书。能如此得到教授和老师们的信任，对我是极大的鼓励，也让我诚惶诚恐。

最后，我要感谢购买了本书及系列书的近 50 万读者，你们使本书不仅成为我自己最畅销的一部作品，而且也成为 SQL 方面最畅销的书。你们持续的支持是作者能得到的最宝贵的奖赏。

——Ben Forta

引　言

SQL 是使用最为广泛的数据库语言。不管你是应用开发者、数据库管理员、Web 应用设计师、移动应用开发人员，还是只使用流行的报表工具的普遍用户，掌握良好的 SQL 知识对用好数据库都是很重要的。

本书可以说是应需而生。我讲授了多年的 Web 应用开发，学生们经常要求我推荐一些 SQL 图书。SQL 方面的书很多，有的其实很不错，但它们都有一个共同的特点，就是讲授的内容太多了，多数人其实不需要了解那么多。很多图书讲的不是 SQL 本身，而是从数据库设计、规范化到关系数据库理论以及管理问题等，事无巨细都讲一通。当然，这些内容也很重要，但大多数读者仅想学习 SQL，他们未必感兴趣。

因此，我找不到合适书籍推荐给学生，只好把在课堂上给学生讲授的 SQL 知识汇编成了本书。本书将讲授读者需要了解的 SQL 知识，从简单的数据检索入手，逐步过渡到一些较为复杂的内容，如联结、子查询、存储过程、游标、触发器以及表约束等。读者将从本书中循序渐进、系统而直接地学到 SQL 的知识和技巧，每一课只需不足十分钟即可学完。

这已是本书的第 5 版，它已经教会了英语国家近 50 万的读者使用 SQL，并且还翻译出版了十多种其他语言的版本。

这一版新增的内容是，从第 2 课到第 18 课每课后面增加了针对本课内容的挑战题。读者有机会把本课刚学的 SQL 语句，应用到各种场景和问题中去。书里没有挑战题的答案，但是别担心，你可以在配套的网站找到答案：http://forta.com/books/0135182794。

现在轮到你了，让我们翻到第 1 课，开始学习吧。你将很快编写出世界级的 SQL。

读者对象

本书适合以下读者：

- SQL 新手；
- 希望快速学会并熟练使用 SQL；
- 希望知道如何使用 SQL 开发应用程序；
- 希望在无人帮助的情况下有效而快速地使用 SQL。

本书涵盖的 DBMS

一般来说，本书中所讲授的 SQL 可以应用到任何数据库管理系统（DBMS）。但是，各种 SQL 实现不尽相同，本书介绍的 SQL 主要适用于以下系统（需要时会给出特殊说明和注释）：

- IBM DB2（包括云上 DB2）；
- Microsoft SQL Server（包括 Microsoft SQL Server Express）；
- MariaDB；
- MySQL；
- Oracle（包括 Oracle Express）；

- PostgreSQL；
- SQLite。

本书中的所有数据库示例（或者创建数据库示例的 SQL 脚本例子）对于这些 DBMS 都是适用的，它们可以在本书的网页 http://forta.com/books/0135182794 上获得。

本书约定

本书采用等宽字体表示代码，读者输入的文本与应该出现在屏幕上的文本也都以等宽字体给出。如：

```
It will look like this to mimic the way text looks on your screen.
```

变量和表达式的占位符用斜体表示，你可以用具体的值代替它。

代码行前的箭头（➥）表示代码太长，上一行容纳不下。在➥符号后输入的所有字符都应该是前一行的内容。

> **说明**
>
> 给出上下文讨论中比较重要的信息。

> **提示**
>
> 就某任务给出建议或更简单的方法。

> **注意**
>
> 提醒可能出现的问题，避免出现事故。

> **新术语**
>
> 清晰定义重要的新词汇。

输入▼

读者可以自己输入的代码，通常紧挨着代码出现。

输出▼

强调某个程序执行时的输出，通常出现在代码后。

分析▼

对程序代码进行逐行分析。

电子书

扫描如下二维码，即可购买本书中文版电子版。

目　录

第 1 课　了解 SQL

这一课介绍 SQL 究竟是什么，它能做什么事情。

1.1　数据库基础

你正在读这本 SQL 图书，这表明你需要以某种方式与数据库打交道。SQL 正是用来实现这一任务的语言，因此在学习 SQL 之前，你应该对数据库及数据库技术的某些基本概念有所了解。

你可能还没有意识到，其实自己一直在使用数据库。每当你在手机上选取联系人，或从电子邮件地址簿里查找名字时，就是在使用数据库。你在网站上进行搜索，也是在使用数据库。你在工作中登录网络，也需要依靠数据库验证用户名和密码。即使是在自动取款机上使用 ATM 卡，也要利用数据库进行密码验证和余额查询。

虽然我们一直都在使用数据库，但对究竟什么是数据库并不十分清楚。更何况人们可能会使用同一个数据库术语表示不同的事物，进一步加剧了这种混乱。因此，我们首先给出一些最重要的数据库术语，并加以说明。

> **提示：基本概念回顾**
> 后面是一些基本数据库概念的简要介绍。如果你已经具有一定的数据库经验，可以借此复习巩固一下；如果你刚开始接触数据库，可以

由此了解必需的基本知识。理解数据库概念是掌握 SQL 的重要前提，如果有必要，你或许还应该找本好书好好补一补数据库基础知识。

1.1.1　数据库

数据库这个术语的用法很多，但就本书而言（从 SQL 的角度来看），数据库是以某种有组织的方式存储的数据集合。最简单的办法是将数据库想象为一个文件柜。文件柜只是一个存放数据的物理位置，它不管数据是什么，也不管数据是如何组织的。

数据库（database）
保存有组织的数据的容器（通常是一个文件或一组文件）。

注意：误用导致混淆
人们通常用数据库这个术语来代表他们使用的数据库软件，这是不正确的，也因此产生了许多混淆。确切地说，数据库软件应称为数据库管理系统（DBMS）。数据库是通过 DBMS 创建和操纵的容器，而具体它究竟是什么，形式如何，各种数据库都不一样。

1.1.2　表

你往文件柜里放资料时，并不是随便将它们扔进某个抽屉就完事了的，而是在文件柜中创建文件，然后将相关的资料放入特定的文件中。

在数据库领域中，这种文件称为表。表是一种结构化的文件，可用来存储某种特定类型的数据。表可以保存顾客清单、产品目录，或者其他信息清单。

表（table）

某种特定类型数据的结构化清单。

这里的关键一点在于，存储在表中的数据是同一种类型的数据或清单。决不应该将顾客的清单与订单的清单存储在同一个数据库表中，否则以后的检索和访问会很困难。应该创建两个表，每个清单一个表。

数据库中的每个表都有一个名字来标识自己。这个名字是唯一的，即数据库中没有其他表具有相同的名字。

说明：表名

使表名成为唯一的，实际上是数据库名和表名等的组合。有的数据库还使用数据库拥有者的名字作为唯一名的一部分。也就是说，虽然在一个数据库中不能两次使用相同的表名，但在不同的数据库中完全可以使用相同的表名。

表具有一些特性，这些特性定义了数据在表中如何存储，包括存储什么样的数据，数据如何分解，各部分信息如何命名等信息。描述表的这组信息就是所谓的模式（schema），模式可以用来描述数据库中特定的表，也可以用来描述整个数据库（和其中表的关系）。

模式

关于数据库和表的布局及特性的信息。

1.1.3 列和数据类型

表由列组成。列存储表中某部分的信息。

列（column）

表中的一个字段。所有表都是由一个或多个列组成的。

理解列的最好办法是将数据库表想象为一个网格，就像个电子表格那样。网格中每一列存储着某种特定的信息。例如，在顾客表中，一列存储顾客编号，另一列存储顾客姓名，而地址、城市、州以及邮政编码全都存储在各自的列中。

提示：数据分解

正确地将数据分解为多个列极为重要。例如，城市、州、邮政编码应该总是彼此独立的列。通过分解这些数据，才有可能利用特定的列对数据进行分类和过滤（如找出特定州或特定城市的所有顾客）。如果城市和州组合在一个列中，则按州进行分类或过滤就会很困难。

你可以根据自己的具体需求来决定把数据分解到何种程度。例如，一般可以把门牌号和街道名一起存储在地址里。这没有问题，除非你哪天想用街道名来排序，这时，最好将门牌号和街道名分开。

数据库中每个列都有相应的数据类型。数据类型（datatype）定义了列可以存储哪些数据种类。例如，如果列中存储的是数字（或许是订单中的物品数），则相应的数据类型应该为数值类型。如果列中存储的是日期、文本、注释、金额等，则应该规定好恰当的数据类型。

数据类型

允许什么类型的数据。每个表列都有相应的数据类型，它限制（或允许）该列中存储的数据。

数据类型限定了可存储在列中的数据种类（例如，防止在数值字段中录入字符值）。数据类型还帮助正确地分类数据，并在优化磁盘使用方面起重要的作用。因此，在创建表时必须特别关注所用的数据类型。

注意：数据类型兼容

数据类型及其名称是 SQL 不兼容的一个主要原因。虽然大多数基本数据类型得到了一致的支持，但许多高级的数据类型却没有。更糟的是，偶然会有相同的数据类型在不同的 DBMS 中具有不同的名称。对此用户毫无办法，重要的是在创建表结构时要记住这些差异。

1.1.4 行

表中的数据是按行存储的，所保存的每个记录存储在自己的行内。如果将表想象为网格，网格中垂直的列为表列，水平行为表行。

例如，顾客表可以每行存储一个顾客。表中的行编号为记录的编号。

行（row）

表中的一个记录。

说明：是记录还是行？

你可能听到用户在提到行时称其为数据库记录（record）。这两个术语多半是可以互通的，但从技术上说，行才是正确的术语。

1.1.5 主键

表中每一行都应该有一列（或几列）可以唯一标识自己。顾客表可以使用顾客编号，而订单表可以使用订单 ID。雇员表可以使用雇员 ID。书目表则可以使用国际标准书号 ISBN。

主键（primary key）

一列（或几列），其值能够唯一标识表中每一行。

唯一标识表中每行的这个列（或这几列）称为主键。主键用来表示一个特定的行。没有主键，更新或删除表中特定行就极为困难，因为你不能保证操作只涉及相关的行，没有伤及无辜。

> **提示：应该总是定义主键**
> 虽然并不总是需要主键，但多数数据库设计者都会保证他们创建的每个表具有一个主键，以便于以后的数据操作和管理。

表中的任何列都可以作为主键，只要它满足以下条件：

- 任意两行都不具有相同的主键值；
- 每一行都必须具有一个主键值（主键列不允许空值 NULL）；
- 主键列中的值不允许修改或更新；
- 主键值不能重用（如果某行从表中删除，它的主键不能赋给以后的新行）。

主键通常定义在表的一列上，但并不是必须这么做，也可以一起使用多个列作为主键。在使用多列作为主键时，上述条件必须应用到所有列，所有列值的组合必须是唯一的（但其中单个列的值可以不唯一）。

还有一种非常重要的键，称为外键，我们将在第 12 课中介绍。

1.2 什么是 SQL

SQL（发音为字母 S-Q-L 或 sequel）是 Structured Query Language（结构化查询语言）的缩写。SQL 是一种专门用来与数据库沟通的语言。

与其他语言（如英语或 Java、C、PHP 这样的编程语言）不一样，SQL 中只有很少的词，这是有意而为的。设计 SQL 的目的是很好地完成一项任务——提供一种从数据库中读写数据的简单有效的方法。

SQL 有哪些优点呢？

- SQL 不是某个特定数据库厂商专有的语言。绝大多数重要的 DBMS 支持 SQL，所以学习此语言使你几乎能与所有数据库打交道。
- SQL 简单易学。它的语句全都是由有很强描述性的英语单词组成，而且这些单词的数目不多。
- SQL 虽然看上去很简单，但实际上是一种强有力的语言，灵活使用其语言元素，可以进行非常复杂和高级的数据库操作。

下面我们将开始真正学习 SQL。

> **说明：SQL 的扩展**
>
> 许多 DBMS 厂商通过增加语句或指令，对 SQL 进行了扩展。这种扩展的目的是提供执行特定操作的额外功能或简化方法。虽然这种扩展很有用，但一般都是针对个别 DBMS 的，很少有两个厂商同时支持这种扩展。
>
> 标准 SQL 由 ANSI 标准委员会管理，从而称为 ANSI SQL。所有主要的 DBMS，即使有自己的扩展，也都支持 ANSI SQL。各个实现有自己的名称，如 Oracle 的 PL/SQL、微软 SQL Server 用的 Transact-SQL 等。
>
> 本书讲授的 SQL 主要是 ANSI SQL。在使用某种 DBMS 特定的 SQL 时，会特别说明。

1.3 动手实践

与其他任何语言一样，学习 SQL 的最好方法是自己动手实践。为此，需要一个数据库和用来测试 SQL 语句的应用系统。

本书中所有课程采用的都是真实的 SQL 语句和数据表，读者需要选个 DBMS 跟着学。

提示：该选哪个 DBMS？

你需要用一种 DBMS 来跟着学，那么该选哪一个呢？

好消息是本书讲的 SQL 适用于每个主流的 DBMS。因此，你主要从方便易用角度考虑。

基本上有两种做法。一种是你在自己电脑上安装一个 DBMS（以及有关的客户端软件），这样做你用起来便利，好控制。但是对很多人来说，要学 SQL 最麻烦的一关就是安装配置 DBMS 了。另一种做法是通过网络使用远程（或云端）DBMS，你不需要管理或安装任何东西。

要是准备在自己电脑上安装，其实可选的很多。我给两个建议：

- MySQL（或派生的 MariaDB）是很不错的，免费，每个主流操作系统都支持，安装简便，它也是最流行的 DBMS 之一。MySQL 自带一个命令行工具，你可以输入 SQL 命令，但最好是使用 MySQL Workbench，你也把它下载安装吧（通常是要单独安装的）。
- Windows 用户可以使用 Microsoft SQL Server Express。这是强大的 SQL Server 的一个免费版本，它还包括一个用户友好的客户端叫 SQL Server Management Studio。

要是准备使用远程（或云端）DBMS 的话，我的建议是：

- 如果你是为工作需要而学习 SQL，那么你们公司应该会有 DBMS 供你使用。这样的话，你应该可以得到登录名和连接工具，可以访问 DBMS 并输入和测试你的 SQL 语句。
- 云端 DBMS 是指运行在虚拟服务器上的 DBMS，用起来就像自己机器上安装了 DBMS，而实际上不需要安装。所有主流的云服务厂商

> （如谷歌、亚马逊、微软）都提供云端 DBMS。可是，在本书写作之时，设置云端 DBMS（包括配置远程访问）都不太简单，经常比自己安装个 DBMS 还要费事。有两个例外，Oracle 的 Live SQL 和 IBM 的云端 DB2，它们提供的免费版本有 Web 界面，你只需要在浏览器里输入 SQL 语句就可以了。
>
> 本书的网页上提供了上述选项涉及的链接。以后 DBMS 变化了，网页内容也会更新，也会给出新的提示和建议。

附录 A 解释了什么是样例表，并详述了如何获得（或创建）样例表，以便应用于本书的每个课程中。

此外，从第 2 课开始，在小结部分增加了挑战题。读者有机会利用刚学会的 SQL 知识，来解决这些课程中没有明示的问题。如果想要验证答案（或者卡住了需要帮助），请访问本书网站。

1.4 小结

这一课介绍了什么是 SQL，它为什么很有用。因为 SQL 是用来与数据库打交道的，所以，我们也复习了一些基本的数据库术语。

第 2 课　检索数据

这一课介绍如何使用 SELECT 语句从表中检索一个或多个数据列。

2.1　SELECT 语句

正如第 1 课所述，SQL 语句是由简单的英语单词构成的。这些单词称为关键字，每个 SQL 语句都是由一个或多个关键字构成的。最经常使用的 SQL 语句大概就是 SELECT 语句了。它的用途是从一个或多个表中检索信息。

> **关键字（keyword）**
> 作为 SQL 组成部分的保留字。关键字不能用作表或列的名字。附录 D 列出了某些经常使用的保留字。

为了使用 SELECT 检索表数据，必须至少给出两条信息——想选择什么，以及从什么地方选择。

> **说明：理解例子**
> 本书各课程中的样例 SQL 语句（和样例输出）使用了附录 A 中描述的一组数据文件。如果想要理解和试验这些样例（我强烈建议这样做），请参阅附录 A，它解释了如何下载或创建这些数据文件。

> **提示：使用正确的数据库**
> 利用 DBMS 可以处理多个数据库（参见第 1 课里文件柜的比喻）。根据附录 A 安装好样例表之后，建议你把它们装进新的数据库。如果这样的话，要确保在处理之前就选择好了数据库，就像你在创建样例表之前做的那样。后面各课的学习过程中，如果你遇到未知表的错误，很可能就是没在正确的数据库里。

2.2 检索单个列

我们将从简单的 SQL SELECT 语句讲起，此语句如下所示：

输入▼

```
SELECT prod_name
FROM Products;
```

分析▼

上述语句利用 SELECT 语句从 Products 表中检索一个名为 prod_name 的列。所需的列名写在 SELECT 关键字之后，FROM 关键字指出从哪个表中检索数据。此语句的输出如下所示：

输出▼

```
prod_name
-------------------
Fish bean bag toy
Bird bean bag toy
Rabbit bean bag toy
8 inch teddy bear
12 inch teddy bear
18 inch teddy bear
Raggedy Ann
King doll
Queen doll
```

根据你使用的具体 DBMS 和客户端，可能你会看到一条信息说明检索了多少行，以及花了多长时间。例如，MySQL 命令行会显示类似下面这样的一行信息：

```
9 rows in set (0.01 sec)
```

说明：未排序数据

如果你自己试验这个查询，可能会发现显示输出的数据顺序与这里的不同。出现这种情况很正常。如果没有明确排序查询结果（下一课介绍怎样指定顺序），则返回的数据没有特定的顺序。返回数据的顺序可能是数据被添加到表中的顺序，也可能不是。只要返回相同数目的行，就是正常的。

如上的一条简单 SELECT 语句将返回表中的所有行。数据没有过滤（过滤将得出结果集的一个子集），也没有排序。以后几课将讨论这些内容。

提示：结束 SQL 语句

多条 SQL 语句必须以分号（;）分隔。多数 DBMS 不需要在单条 SQL 语句后加分号，但也有 DBMS 可能必须在单条 SQL 语句后加上分号。当然，如果愿意可以总是加上分号。事实上，即使不一定需要，加上分号也肯定没有坏处。

提示：SQL 语句和大小写

请注意，SQL 语句不区分大小写，因此 SELECT 与 select 是相同的。同样，写成 Select 也没有关系。许多 SQL 开发人员喜欢对 SQL 关键字使用大写，而对列名和表名使用小写，这样做代码更易于阅读和调试。不过，一定要认识到虽然 SQL 是不区分大小写的，但是表名、列名和值可能有所不同（这有赖于具体的 DBMS 及其如何配置）。

> **提示：使用空格**
>
> 在处理 SQL 语句时，其中所有空格都被忽略。SQL 语句可以写成长长的一行，也可以分写在多行。下面这 3 种写法的作用是一样的。
>
> ```
> SELECT prod_name
> FROM Products;
>
> SELECT prod_name FROM Products;
>
> SELECT
> prod_name
> FROM
> Products;
> ```
>
> 多数 SQL 开发人员认为，将 SQL 语句分成多行更容易阅读和调试。

2.3 检索多个列

要想从一个表中检索多个列，仍然使用相同的 SELECT 语句。唯一的不同是必须在 SELECT 关键字后给出多个列名，列名之间必须以逗号分隔。

> **提示：当心逗号**
>
> 在选择多个列时，一定要在列名之间加上逗号，但最后一个列名后不加。如果在最后一个列名后加了逗号，将出现错误。

下面的 SELECT 语句从 Products 表中选择 3 列。

输入▼

```
SELECT prod_id, prod_name, prod_price
FROM Products;
```

分析▼

与前一个例子一样，这条语句使用 SELECT 语句从表 Products 中选择数据。在这个例子中，指定了3个列名，列名之间用逗号分隔。此语句的输出如下：

输出▼

```
prod_id          prod_name                  prod_price
---------        --------------------       ----------
BNBG01           Fish bean bag toy           3.49
BNBG02           Bird bean bag toy           3.49
BNBG03           Rabbit bean bag toy         3.49
BR01             8 inch teddy bear           5.99
BR02             12 inch teddy bear          8.99
BR03             18 inch teddy bear         11.99
RGAN01           Raggedy Ann                 4.99
RYL01            King doll                   9.49
RYL02            Queen dool                  9.49
```

说明：数据表示

SQL语句一般返回原始的、无格式的数据，不同的DBMS和客户端显示数据的方式略有不同（如对齐格式不同、小数位数不同）。数据的格式化是表示问题，而不是检索问题。因此，如何表示一般会在显示该数据的应用程序中规定。通常很少直接使用实际检索出的数据（没有应用程序提供的格式）。

2.4 检索所有列

除了指定所需的列外（如上所述，一列或多列），SELECT 语句还可以检索所有的列而不必逐个列出它们。在实际列名的位置使用星号（*）通配符可以做到这点，如下所示。

输入▼

```
SELECT *
FROM Products;
```

分析▼

如果给定一个通配符（*），则返回表中所有列。列的顺序一般是表中出现的物理顺序，但并不总是如此。不过，SQL 数据很少直接显示（通常，数据返回给应用程序，根据需要进行格式化，再表示出来）。因此，这不应该造成什么问题。

> **注意：使用通配符**
> 一般而言，除非你确实需要表中的每一列，否则最好别使用*通配符。虽然使用通配符能让你自己省事，不用明确列出所需列，但检索不需要的列通常会降低检索速度和应用程序的性能。

> **提示：检索未知列**
> 使用通配符有一个大优点。由于不明确指定列名（因为星号检索每一列），所以能检索出名字未知的列。

2.5 检索不同的值

如前所述，SELECT 语句返回所有匹配的行。但是，如果你不希望每个值每次都出现，该怎么办呢？例如，你想检索 Products 表中所有产品供应商的 ID：

输入▼

```
SELECT vend_id
FROM Products;
```

输出▼

```
vend_id
----------
BRS01
BRS01
BRS01
DLL01
DLL01
DLL01
DLL01
FNG01
FNG01
```

SELECT 语句返回 9 行（即使表中只有 3 个产品供应商），因为 Products 表中有 9 种产品。那么如何检索出不同的值？

办法就是使用 DISTINCT 关键字，顾名思义，它指示数据库只返回不同的值。

输入▼

```
SELECT DISTINCT vend_id
FROM Products;
```

分析▼

SELECT DISTINCT vend_id 告诉 DBMS 只返回不同（具有唯一性）的 vend_id 行，所以正如下面的输出，只有 3 行。如果使用 DISTINCT 关键字，它必须直接放在列名的前面。

输出▼

```
vend_id
----------
BRS01
DLL01
FNG01
```

> **注意：不能部分使用 DISTINCT**
>
> DISTINCT 关键字作用于所有的列，不仅仅是跟在其后的那一列。例如，你指定 SELECT DISTINCT vend_id，prod_price，则 9 行里的 6 行都会被检索出来，因为指定的两列组合起来有 6 个不同的结果。若想看看究竟有什么不同，你可以试一下这样两条语句：
>
> ```
> SELECT DISTINCT vend_id, prod_price FROM Products;
> SELECT vend_id, prod_price FROM Products;
> ```

2.6 限制结果

SELECT 语句返回指定表中所有匹配的行，很可能是每一行。如果你只想返回第一行或者一定数量的行，该怎么办呢？这是可行的，然而遗憾的是，各种数据库中的这一 SQL 实现并不相同。

在 SQL Server 中使用 SELECT 时，可以用 TOP 关键字来限制最多返回多少行，如下所示：

输入▼

```
SELECT TOP 5 prod_name
FROM Products;
```

输出▼

```
prod_name
-----------------
8 inch teddy bear
12 inch teddy bear
18 inch teddy bear
Fish bean bag toy
Bird bean bag toy
```

分析▼

上面代码使用 SELECT TOP 5 语句，只检索前 5 行数据。

如果你使用的是 DB2，就得使用下面这样的 DB2 特有的 SQL 语句：

输入▼

```
SELECT prod_name
FROM Products
FETCH FIRST 5 ROWS ONLY;
```

分析▼

FETCH FIRST 5 ROWS ONLY 就会按字面的意思去做的（只取前 5 行）。

如果你使用 Oracle，需要基于 ROWNUM（行计数器）来计算行，像这样：

输入▼

```
SELECT prod_name
FROM Products
WHERE ROWNUM <=5;
```

如果你使用 MySQL、MariaDB、PostgreSQL 或者 SQLite，需要使用 LIMIT 子句，像这样：

输入▼

```
SELECT prod_name
FROM Products
LIMIT 5;
```

分析▼

上述代码使用 SELECT 语句来检索单独的一列数据。LIMIT 5 指示 MySQL

等 DBMS 返回不超过 5 行的数据。这个语句的输出参见下面的代码。

为了得到后面的 5 行数据，需要指定从哪儿开始以及检索的行数，像这样：

输入▼

```
SELECT prod_name
FROM Products
LIMIT 5 OFFSET 5;
```

分析▼

LIMIT 5 OFFSET 5 指示 MySQL 等 DBMS 返回从第 5 行起的 5 行数据。第一个数字是检索的行数，第二个数字是指从哪儿开始。这个语句的输出是：

输出▼

```
prod_name
-------------------
Rabbit bean bag toy
Raggedy Ann
King doll
Queen doll
```

所以，LIMIT 指定返回的行数。LIMIT 带的 OFFSET 指定从哪儿开始。在我们的例子中，Products 表中只有 9 种产品，所以 LIMIT 5 OFFSET 5 只返回了 4 行数据（因为没有第 5 行）。

> **注意：第 0 行**
>
> 第一个被检索的行是第 0 行，而不是第 1 行。因此，LIMIT 1 OFFSET 1 会检索第 2 行，而不是第 1 行。

提示：MySQL、MariaDB 和 SQLite 捷径

MySQL、MariaDB 和 SQLite 可以把 LIMIT 4 OFFSET 3 语句简化为 LIMIT 3,4。使用这个语法，逗号之前的值对应 OFFSET，逗号之后的值对应 LIMIT（反着的，要小心）。

说明：并非所有的 SQL 实现都一样

我加入这一节只有一个原因，就是要说明，SQL 虽然通常都有相当一致的实现，但你不能想当然地认为它总是这样。非常基本的语句往往是相通的，但较复杂的语句就不同了。当你针对某个问题寻找 SQL 解决方案时，一定要记住这一点。

2.7 使用注释

可以看到，SQL 语句是由 DBMS 处理的指令。如果你希望包括不进行处理和执行的文本，该怎么办呢？为什么你想要这么做呢？原因有以下几点。

- 我们这里使用的 SQL 语句都很短，也很简单。然而，随着 SQL 语句变长，复杂性增加，你就会想添加一些描述性的注释，这便于你自己今后参考，或者供项目后续参与人员参考。这些注释需要嵌入在 SQL 脚本中，但显然不能进行实际的 DBMS 处理。（相关示例可以参见附录 B 中使用的 create.sql 和 populate.sql。）
- 这同样适用于 SQL 文件开始处的内容，它可能包含程序描述以及一些说明，甚至是程序员的联系方式。（相关示例也可参见附录 B 中的那些.sql 文件。）
- 注释的另一个重要应用是暂停要执行的 SQL 代码。如果你碰到一个长 SQL 语句，而只想测试它的一部分，那么应该注释掉一些代码，以便 DBMS 略去这些注释。

很多 DBMS 都支持各种形式的注释语法。我们先来看行内注释：

输入▼

```
SELECT prod_name    -- 这是一条注释
FROM Products;
```

分析▼

注释使用--（两个连字符）嵌在行内。--之后的文本就是注释，例如，这用来描述 CREATE TABLE 语句中的列就很不错。

下面是另一种形式的行内注释（但这种形式有些 DBMS 不支持）。

输入▼

```
# 这是一条注释
SELECT prod_name
FROM Products;
```

分析▼

在一行的开始处使用#，这一整行都将作为注释。你在本书提供的脚本 create.sql 和 populate.sql 中可以看到这种形式的注释。

你也可以进行多行注释，注释可以在脚本的任何位置停止和开始。

输入▼

```
/* SELECT prod_name, vend_id
FROM Products; */
SELECT prod_name
FROM Products;
```

分析▼

注释从/*开始，到*/结束，/*和*/之间的任何内容都是注释。这种方式常用于把代码注释掉，就如这个例子演示的，这里定义了两个 SELECT 语句，但是第一个不会执行，因为它已经被注释掉了。

2.8 小结

这一课学习了如何使用 SQL 的 SELECT 语句来检索单个表列、多个表列以及所有表列。你也学习了如何返回不同的值，如何注释代码。同时不好的消息是，复杂的 SQL 语句往往不够通用。下一课将讲授如何对检索出来的数据进行排序。

2.9 挑战题

1. 编写 SQL 语句，从 `Customers` 表中检索所有的 ID（`cust_id`）。

2. `OrderItems` 表包含了所有已订购的产品（有些已被订购多次）。编写 SQL 语句，检索并列出已订购产品（`prod_id`）的清单（不用列每个订单，只列出不同产品的清单）。提示：最终应该显示 7 行。

3. 编写 SQL 语句，检索 `Customers` 表中所有的列，再编写另外的 SELECT 语句，仅检索顾客的 ID。使用注释，注释掉一条 SELECT 语句，以便运行另一条 SELECT 语句。（当然，要测试这两个语句。）

> **提示：答案在哪里？**
> 本书挑战题的答案在 http://forta.com/books/0135182794，或至图灵社区本书主页 www.ituring.com.cn/book/2649 下载。

第 3 课　排序检索数据

这一课讲授如何使用 SELECT 语句的 ORDER BY 子句，根据需要排序检索出的数据。

3.1　排序数据

正如上一课所述，下面的 SQL 语句返回某个数据库表的单个列。但请看其输出，并没有特定的顺序。

输入▼

```
SELECT prod_name
FROM Products;
```

输出▼

```
prod_name
--------------------
Fish bean bag toy
Bird bean bag toy
Rabbit bean bag toy
8 inch teddy bear
12 inch teddy bear
18 inch teddy bear
Raggedy Ann
King doll
Queen doll
```

其实，检索出的数据并不是随机显示的。如果不排序，数据一般将以它在表中出现的顺序显示，这有可能是数据最初添加到表中的顺序。但是，如果数据随后进行过更新或删除，那么这个顺序将会受到DBMS重用回收存储空间的方式的影响。因此，如果不明确控制的话，则最终的结果不能（也不应该）依赖该排序顺序。关系数据库设计理论认为，如果不明确规定排序顺序，则不应该假定检索出的数据的顺序有任何意义。

> **子句（clause）**
> SQL语句由子句构成，有些子句是必需的，有些则是可选的。一个子句通常由一个关键字加上所提供的数据组成。子句的例子有我们在前一课看到的SELECT语句的FROM子句。

为了明确地排序用SELECT语句检索出的数据，可使用ORDER BY子句。ORDER BY子句取一个或多个列的名字，据此对输出进行排序。请看下面的例子：

输入▼

```
SELECT prod_name
FROM Products
ORDER BY prod_name;
```

分析▼

除了指示DBMS软件对prod_name列以字母顺序排序数据的ORDER BY子句外，这条语句与前面的语句相同。结果如下。

输出▼

```
prod_name
--------------------
12 inch teddy bear
18 inch teddy bear
```

```
8 inch teddy bear
Bird bean bag toy
Fish bean bag toy
King doll
Queen doll
Rabbit bean bag toy
Raggedy Ann
```

> **注意：ORDER BY 子句的位置**
>
> 在指定一条 ORDER BY 子句时，应该保证它是 SELECT 语句中最后一条子句。如果它不是最后的子句，将会出错。

> **提示：通过非选择列进行排序**
>
> 通常，ORDER BY 子句中使用的列将是为显示而选择的列。但是，实际上并不一定要这样，用非检索的列排序数据是完全合法的。

3.2 按多个列排序

经常需要按不止一个列进行数据排序。例如，如果要显示雇员名单，可能希望按姓和名排序（首先按姓排序，然后在每个姓中再按名排序）。如果多个雇员有相同的姓，这样做很有用。

要按多个列排序，只须指定这些列名，列名之间用逗号分开即可（就像选择多个列时那样）。

下面的代码检索 3 个列，并按其中两个列对结果进行排序——首先按价格，然后按名称排序。

输入▼

```
SELECT prod_id, prod_price, prod_name
FROM Products
ORDER BY prod_price, prod_name;
```

输出▼

```
prod_id      prod_price      prod_name
-------      ----------      --------------------
BNBG02       3.4900          Bird bean bag toy
BNBG01       3.4900          Fish bean bag toy
BNBG03       3.4900          Rabbit bean bag toy
RGAN01       4.9900          Raggedy Ann
BR01         5.9900          8 inch teddy bear
BR02         8.9900          12 inch teddy bear
RYL01        9.4900          King doll
RYL02        9.4900          Queen doll
BR03         11.9900         18 inch teddy bear
```

重要的是理解在按多个列排序时，排序的顺序完全按规定进行。换句话说，对于上述例子中的输出，仅在多个行具有相同的 prod_price 值时才对产品按 prod_name 进行排序。如果 prod_price 列中所有的值都是唯一的，则不会按 prod_name 排序。

3.3　按列位置排序

除了能用列名指出排序顺序外，ORDER BY 还支持按相对列位置进行排序。为理解这一内容，我们来看个例子：

输入▼

```
SELECT prod_id, prod_price, prod_name
FROM Products
ORDER BY 2, 3;
```

输出▼

```
prod_id      prod_price      prod_name
-------      ----------      --------------------
BNBG02       3.4900          Bird bean bag toy
BNBG01       3.4900          Fish bean bag toy
```

```
BNBG03      3.4900       Rabbit bean bag toy
RGAN01      4.9900       Raggedy Ann
BR01        5.9900       8 inch teddy bear
BR02        8.9900       12 inch teddy bear
RYL01       9.4900       King doll
RYL02       9.4900       Queen doll
BR03        11.9900      18 inch teddy bear
```

分析▼

可以看到，这里的输出与上面的查询相同，不同之处在于 ORDER BY 子句。SELECT 清单中指定的是选择列的相对位置而不是列名。ORDER BY 2 表示按 SELECT 清单中的第二个列 prod_price 进行排序。ORDER BY 2, 3 表示先按 prod_price，再按 prod_name 进行排序。

这一技术的主要好处在于不用重新输入列名。但它也有缺点。首先，不明确给出列名有可能造成错用列名排序。其次，在对 SELECT 清单进行更改时容易错误地对数据进行排序（忘记对 ORDER BY 子句做相应的改动）。最后，如果进行排序的列不在 SELECT 清单中，显然不能使用这项技术。

> **提示：按非选择列排序**
>
> 显然，当根据不出现在 SELECT 清单中的列进行排序时，不能采用这项技术。但是，如果有必要，可以混合使用实际列名和相对列位置。

3.4　指定排序方向

数据排序不限于升序排序（从 A 到 Z），这只是默认的排序顺序。还可以使用 ORDER BY 子句进行降序（从 Z 到 A）排序。为了进行降序排序，必须指定 DESC 关键字。

下面的例子以价格降序来排序产品（最贵的排在最前面）：

输入▼

```
SELECT prod_id, prod_price, prod_name
FROM Products
ORDER BY prod_price DESC;
```

输出▼

```
prod_id      prod_price      prod_name
-------      ----------      --------------------
BR03         11.9900         18 inch teddy bear
RYL01        9.4900          King doll
RYL02        9.4900          Queen doll
BR02         8.9900          12 inch teddy bear
BR01         5.9900          8 inch teddy bear
RGAN01       4.9900          Raggedy Ann
BNBG01       3.4900          Fish bean bag toy
BNBG02       3.4900          Bird bean bag toy
BNBG03       3.4900          Rabbit bean bag toy
```

如果打算用多个列排序，该怎么办？下面的例子以降序排序产品（最贵的在最前面），再加上产品名：

输入▼

```
SELECT prod_id, prod_price, prod_name
FROM Products
ORDER BY prod_price DESC, prod_name;
```

输出▼

```
prod_id      prod_price      prod_name
-------      ----------      --------------------
BR03         11.9900         18 inch teddy bear
RYL01        9.4900          King doll
RYL02        9.4900          Queen doll
BR02         8.9900          12 inch teddy bear
BR01         5.9900          8 inch teddy bear
RGAN01       4.9900          Raggedy Ann
```

```
BNBG02          3.4900          Bird bean bag toy
BNBG01          3.4900          Fish bean bag toy
BNBG03          3.4900          Rabbit bean bag toy
```

分析▼

DESC关键字只应用到直接位于其前面的列名。在上例中，只对prod_price列指定DESC，对prod_name列不指定。因此，prod_price列以降序排序，而prod_name列（在每个价格内）仍然按标准的升序排序。

> **警告：在多个列上降序排序**
>
> 如果想在多个列上进行降序排序，必须对每一列指定DESC关键字。

请注意，DESC是DESCENDING的缩写，这两个关键字都可以使用。与DESC相对的是ASC（或ASCENDING），在升序排序时可以指定它。但实际上，ASC没有多大用处，因为升序是默认的（如果既不指定ASC也不指定DESC，则假定为ASC）。

> **提示：区分大小写和排序顺序**
>
> 在对文本性数据进行排序时，A与a相同吗？a位于B之前，还是Z之后？这些问题不是理论问题，其答案取决于数据库的设置方式。
>
> 在字典（dictionary）排序顺序中，A被视为与a相同，这是大多数数据库管理系统的默认做法。但是，许多DBMS允许数据库管理员在需要时改变这种行为（如果你的数据库包含大量外语字符，可能必须这样做）。
>
> 这里的关键问题是，如果确实需要改变这种排序顺序，用简单的ORDER BY子句可能做不到。你必须请求数据库管理员的帮助。

3.5　小结

这一课学习了如何用 SELECT 语句的 ORDER BY 子句对检索出的数据进行排序。这个子句必须是 SELECT 语句中的最后一条子句。根据需要，可以利用它在一个或多个列上对数据进行排序。

3.6　挑战题

1. 编写 SQL 语句，从 Customers 中检索所有的顾客名称（cust_name），并按从 Z 到 A 的顺序显示结果。

2. 编写 SQL 语句，从 Orders 表中检索顾客 ID（cust_id）和订单号（order_num），并先按顾客 ID 对结果进行排序，再按订单日期倒序排列。

3. 显然，我们的虚拟商店更喜欢出售比较贵的物品，而且这类物品有很多。编写 SQL 语句，显示 OrderItems 表中的数量和价格（item_price），并按数量由多到少、价格由高到低排序。

4. 下面的 SQL 语句有问题吗？（尝试在不运行的情况下指出。）

```
SELECT vend_name,
FROM Vendors
ORDER vend_name DESC;
```

第 4 课　过滤数据

这一课将讲授如何使用 SELECT 语句的 WHERE 子句指定搜索条件。

4.1　使用 WHERE 子句

数据库表一般包含大量的数据，很少需要检索表中的所有行。通常只会根据特定操作或报告的需要提取表数据的子集。只检索所需数据需要指定搜索条件（search criteria），搜索条件也称为过滤条件（filter condition）。

在 SELECT 语句中，数据根据 WHERE 子句中指定的搜索条件进行过滤。WHERE 子句在表名（FROM 子句）之后给出，如下所示：

输入▼

```
SELECT prod_name, prod_price
FROM Products
WHERE prod_price = 3.49;
```

分析▼

这条语句从 products 表中检索两个列，但不返回所有行，只返回 prod_price 值为 3.49 的行，如下所示：

输出▼

```
prod_name                  prod_price
-------------------        ----------
Fish bean bag toy          3.49
Bird bean bag toy          3.49
Rabbit bean bag toy        3.49
```

这个示例使用了简单的相等检验：检查这一列的值是否为指定值，据此过滤数据。不过，SQL 不只能测试等于，还能做更多的事情。

提示：有多少个 0？

你在练习这个示例时，会发现显示的结果可能是 3.49、3.490、3.4900 等。出现这样的情况，往往是因为 DBMS 指定了所使用的数据类型及其默认行为。所以，如果你的输出可能与书上的有点不同，不必焦虑，毕竟从数学角度讲，3.49 和 3.4900 是一样的。

提示：SQL 过滤与应用过滤

数据也可以在应用层过滤。为此，SQL 的 SELECT 语句为客户端应用检索出超过实际所需的数据，然后客户端代码对返回数据进行循环，提取出需要的行。

通常，这种做法极其不妥。优化数据库后可以更快速有效地对数据进行过滤。而让客户端应用（或开发语言）处理数据库的工作将会极大地影响应用的性能，并且使所创建的应用完全不具备可伸缩性。此外，如果在客户端过滤数据，服务器不得不通过网络发送多余的数据，这将导致网络带宽的浪费。

注意：WHERE 子句的位置

在同时使用 ORDER BY 和 WHERE 子句时，应该让 ORDER BY 位于 WHERE 之后，否则将会产生错误（关于 ORDER BY 的使用，请参阅第 3 课）。

4.2 WHERE 子句操作符

我们在做相等检验时看到了第一个 WHERE 子句，它确定一个列是否包含指定的值。SQL 支持表 4-1 列出的所有条件操作符。

表4-1 WHERE子句操作符

操作符	说明	操作符	说明
=	等于	>	大于
<>	不等于	>=	大于等于
!=	不等于	!>	不大于
<	小于	BETWEEN	在指定的两个值之间
<=	小于等于	IS NULL	为NULL值
!<	不小于		

注意：操作符兼容

表 4-1 中列出的某些操作符是冗余的（如<>与!=相同，!<相当于>=）。并非所有 DBMS 都支持这些操作符。想确定你的 DBMS 支持哪些操作符，请参阅相应的文档。

4.2.1 检查单个值

我们已经看到了检验相等的例子，现在来看看几个使用其他操作符的例子。

第一个例子是列出所有价格小于 10 美元的产品。

输入▼

```
SELECT prod_name, prod_price
FROM Products
WHERE prod_price < 10;
```

输出▼

```
prod_name                  prod_price
-------------------        ----------
Fish bean bag toy          3.49
Bird bean bag toy          3.49
Rabbit bean bag toy        3.49
8 inch teddy bear          5.99
12 inch teddy bear         8.99
Raggedy Ann                4.99
King doll                  9.49
Queen doll                 9.49
```

下一条语句检索所有价格小于等于 10 美元的产品（因为没有价格恰好是 10 美元的产品，所以结果与前一个例子相同）：

输入▼

```
SELECT prod_name, prod_price
FROM Products
WHERE prod_price <= 10;
```

4.2.2 不匹配检查

这个例子列出所有不是供应商 DLL01 制造的产品：

输入▼

```
SELECT vend_id, prod_name
FROM Products
WHERE vend_id <> 'DLL01';
```

输出▼

```
vend_id         prod_name
----------      -------------------
BRS01           8 inch teddy bear
BRS01           12 inch teddy bear
BRS01           18 inch teddy bear
FNG01           King doll
FNG01           Queen doll
```

> **提示：何时使用引号**
>
> 如果仔细观察上述 WHERE 子句中的条件，会看到有的值括在单引号内，而有的值未括起来。单引号用来限定字符串。如果将值与字符串类型的列进行比较，就需要限定引号。用来与数值列进行比较的值不用引号。

下面是相同的例子，其中使用!=而不是<>操作符：

输入▼

```
SELECT vend_id, prod_name
FROM Products
WHERE vend_id != 'DLL01';
```

> **注意：是!=还是<>？**
>
> !=和<>通常可以互换。但是，并非所有 DBMS 都支持这两种不等于操作符。如果有疑问，请参阅相应的 DBMS 文档。

4.2.3 范围值检查

要检查某个范围的值，可以使用 BETWEEN 操作符。其语法与其他 WHERE 子句的操作符稍有不同，因为它需要两个值，即范围的开始值和结束值。例如，BETWEEN 操作符可用来检索价格在 5 美元和 10 美元之间的所有产品，或在指定的开始日期和结束日期之间的所有日期。

下面的例子说明如何使用 BETWEEN 操作符，它检索价格在 5 美元和 10 美元之间的所有产品。

输入▼

```
SELECT prod_name, prod_price
FROM Products
WHERE prod_price BETWEEN 5 AND 10;
```

输出▼

```
prod_name            prod_price
-------------------  ----------
8 inch teddy bear    5.99
12 inch teddy bear   8.99
King doll            9.49
Queen doll           9.49
```

分析▼

从这个例子可以看到，在使用 BETWEEN 时，必须指定两个值——所需范围的低端值和高端值。这两个值必须用 AND 关键字分隔。BETWEEN 匹配范围中所有的值，包括指定的开始值和结束值。

4.2.4　空值检查

在创建表时，表设计人员可以指定其中的列能否不包含值。在一个列不包含值时，称其包含空值 NULL。

> **NULL**
> 无值（no value），它与字段包含 0、空字符串或仅仅包含空格不同。

确定值是否为 NULL，不能简单地检查是否等于 NULL。SELECT 语句有一个特殊的 WHERE 子句，可用来检查具有 NULL 值的列。这个 WHERE 子句就是 IS NULL 子句。其语法如下：

输入▼

```
SELECT prod_name
FROM Products
WHERE prod_price IS NULL;
```

这条语句返回所有没有价格（空 prod_price 字段，不是价格为 0）的产品，由于表中没有这样的行，所以没有返回数据。但是，Customers

表确实包含具有 NULL 值的列：如果没有电子邮件地址，则 cust_email 列将包含 NULL 值：

输入▼

```
SELECT cust_name
FROM Customers
WHERE cust_email IS NULL;
```

输出▼

```
cust_name
----------
Kids Place
The Toy Store
```

> **提示：DBMS 特有的操作符**
>
> 许多 DBMS 扩展了标准的操作符集，提供了更高级的过滤选择。更多信息请参阅相应的 DBMS 文档。

> **注意：NULL 和非匹配**
>
> 通过过滤选择不包含指定值的所有行时，你可能希望返回含 NULL 值的行。但是这做不到。因为 NULL 比较特殊，所以在进行匹配过滤或非匹配过滤时，不会返回这些结果。

4.3 小结

这一课介绍了如何用 SELECT 语句的 WHERE 子句过滤返回的数据。我们学习了如何检验相等、不相等、大于、小于、值的范围以及 NULL 值等。

4.4　挑战题

1. 编写 SQL 语句，从 Products 表中检索产品 ID（prod_id）和产品名称（prod_name），只返回价格为 9.49 美元的产品。

2. 编写 SQL 语句，从 Products 表中检索产品 ID（prod_id）和产品名称（prod_name），只返回价格为 9 美元或更高的产品。

3. 结合第 3 课和第 4 课编写 SQL 语句，从 OrderItems 表中检索出所有不同订单号（order_num），其中包含 100 个或更多的产品。

4. 编写 SQL 语句，返回 Products 表中所有价格在 3 美元到 6 美元之间的产品的名称（prod_name）和价格（prod_price），然后按价格对结果进行排序。（本题有多种解决方案，我们在下一课再讨论，不过你可以使用目前已学的知识来解决它。）

第 5 课　高级数据过滤

这一课讲授如何组合 WHERE 子句以建立功能更强、更高级的搜索条件。我们还将学习如何使用 NOT 和 IN 操作符。

5.1　组合 WHERE 子句

第 4 课介绍的所有 WHERE 子句在过滤数据时使用的都是单一的条件。为了进行更强的过滤控制，SQL 允许给出多个 WHERE 子句。这些子句有两种使用方式，即以 AND 子句或 OR 子句的方式使用。

> **操作符（operator）**
> 用来联结或改变 WHERE 子句中的子句的关键字，也称为逻辑操作符（logical operator）。

5.1.1　AND 操作符

要通过不止一个列进行过滤，可以使用 AND 操作符给 WHERE 子句附加条件。下面的代码给出了一个例子：

输入▼

```
SELECT prod_id, prod_price, prod_name
```

```
FROM Products
WHERE vend_id = 'DLL01' AND prod_price <= 4;
```

分析▼

此 SQL 语句检索由供应商 DLL01 制造且价格小于等于 4 美元的所有产品的名称和价格。这条 SELECT 语句中的 WHERE 子句包含两个条件，用 AND 关键字联结在一起。AND 指示 DBMS 只返回满足所有给定条件的行。如果某个产品由供应商 DLL01 制造，但价格高于 4 美元，则不检索它。类似地，如果产品价格小于 4 美元，但不是由指定供应商制造的也不被检索。这条 SQL 语句产生的输出如下：

输出▼

```
prod_id      prod_price     prod_name
-------      ----------     --------------------
BNBG02       3.4900         Bird bean bag toy
BNBG01       3.4900         Fish bean bag toy
BNBG03       3.4900         Rabbit bean bag toy
```

> **AND**
> 用在 WHERE 子句中的关键字，用来指示检索满足所有给定条件的行。

这个例子只包含一个 AND 子句，因此只有两个过滤条件。可以增加多个过滤条件，每个条件间都要使用 AND 关键字。

> **说明：没有 ORDER BY 子句**
> 为了节省空间，也为了减少你的输入，我在很多例子里省略了 ORDER BY 子句。因此，你的输出完全有可能与书上的输出不一致。虽然返回行的数量总是对的，但它们的顺序可能不同。当然，如果你愿意也可以加上一个 ORDER BY 子句，它应该放在 WHERE 子句之后。

5.1.2 OR 操作符

OR 操作符与 AND 操作符正好相反，它指示 DBMS 检索匹配任一条件的行。事实上，许多 DBMS 在 OR WHERE 子句的第一个条件得到满足的情况下，就不再计算第二个条件了（在第一个条件满足时，不管第二个条件是否满足，相应的行都将被检索出来）。

请看如下的 SELECT 语句：

输入▼

```
SELECT prod_name, prod_price
FROM Products
WHERE vend_id = 'DLL01' OR vend_id = 'BRS01';
```

分析▼

此 SQL 语句检索由任一个指定供应商制造的所有产品的产品名和价格。OR 操作符告诉 DBMS 匹配任一条件而不是同时匹配两个条件。如果这里使用的是 AND 操作符，则没有数据返回（因为会创建没有匹配行的 WHERE 子句）。这条 SQL 语句产生的输出如下：

输出▼

```
prod_name               prod_price
-------------------     ----------
Fish bean bag toy       3.4900
Bird bean bag toy       3.4900
Rabbit bean bag toy     3.4900
8 inch teddy bear       5.9900
12 inch teddy bear      8.9900
18 inch teddy bear      11.9900
Raggedy Ann             4.9900
```

> **OR**
>
> WHERE 子句中使用的关键字，用来表示检索匹配任一给定条件的行。

5.1.3　求值顺序

WHERE 子句可以包含任意数目的 AND 和 OR 操作符。允许两者结合以进行复杂、高级的过滤。

但是，组合 AND 和 OR 会带来了一个有趣的问题。为了说明这个问题，来看一个例子。假如需要列出价格为 10 美元及以上，且由 DLL01 或 BRS01 制造的所有产品。下面的 SELECT 语句使用组合的 AND 和 OR 操作符建立了一个 WHERE 子句：

输入▼

```
SELECT prod_name, prod_price
FROM Products
WHERE vend_id = 'DLL01' OR vend_id = 'BRS01'
      AND prod_price >= 10;
```

输出▼

```
prod_name                prod_price
-------------------      ----------
Fish bean bag toy        3.4900
Bird bean bag toy        3.4900
Rabbit bean bag toy      3.4900
18 inch teddy bear       11.9900
Raggedy Ann              4.9900
```

分析▼

请看上面的结果。返回的行中有 4 行价格小于 10 美元，显然，返回的行未按预期的进行过滤。为什么会这样呢？原因在于求值的顺序。SQL（像多数语言一样）在处理 OR 操作符前，优先处理 AND 操作符。当 SQL 看到上述 WHERE 子句时，它理解为：由供应商 BRS01 制造的价格为 10 美元以上的所有产品，以及由供应商 DLL01 制造的所有产品，而不管其价格如何。换句话说，由于 AND 在求值过程中优先级更高，操作符被错误地组合了。

此问题的解决方法是使用圆括号对操作符进行明确分组。请看下面的 SELECT 语句及输出：

输入▼

```
SELECT prod_name, prod_price
FROM Products
WHERE (vend_id = 'DLL01' OR vend_id = 'BRS01')
      AND prod_price >= 10;
```

输出▼

```
prod_name               prod_price
-------------------     ----------
18 inch teddy bear      11.9900
```

分析▼

这条 SELECT 语句与前一条的唯一差别是，将前两个条件用圆括号括了起来。因为圆括号具有比 AND 或 OR 操作符更高的优先级，所以 DBMS 首先过滤圆括号内的 OR 条件。这时，SQL 语句变成了选择由供应商 DLL01 或 BRS01 制造的且价格在 10 美元及以上的所有产品，这正是我们希望的结果。

> **提示：在 WHERE 子句中使用圆括号**
> 任何时候使用具有 AND 和 OR 操作符的 WHERE 子句，都应该使用圆括号明确地分组操作符。不要过分依赖默认求值顺序，即使它确实如你希望的那样。使用圆括号没有什么坏处，它能消除歧义。

5.2 IN 操作符

IN 操作符用来指定条件范围，范围中的每个条件都可以进行匹配。IN 取一组由逗号分隔、括在圆括号中的合法值。下面的例子说明了这个操作符。

输入▼

```
SELECT prod_name, prod_price
FROM Products
WHERE vend_id  IN ('DLL01','BRS01')
ORDER BY prod_name;
```

输出▼

```
prod_name                  prod_price
-------------------        ----------
12 inch teddy bear         8.9900
18 inch teddy bear         11.9900
8 inch teddy bear          5.9900
Bird bean bag toy          3.4900
Fish bean bag toy          3.4900
Rabbit bean bag toy        3.4900
Raggedy Ann                4.9900
```

分析▼

此 SELECT 语句检索由供应商 DLL01 和 BRS01 制造的所有产品。IN 操作符后跟由逗号分隔的合法值，这些值必须括在圆括号中。

你可能会猜测 IN 操作符完成了与 OR 相同的功能，恭喜你猜对了！下面的 SQL 语句完成与上面的例子相同的工作。

输入▼

```
SELECT prod_name, prod_price
FROM Products
WHERE vend_id = 'DLL01' OR vend_id = 'BRS01'
ORDER BY prod_name;
```

输出▼

```
prod_name                  prod_price
-------------------        ----------
```

```
12 inch teddy bear       8.9900
18 inch teddy bear       11.9900
8 inch teddy bear        5.9900
Bird bean bag toy        3.4900
Fish bean bag toy        3.4900
Rabbit bean bag toy      3.4900
Raggedy Ann              4.9900
```

为什么要使用 IN 操作符？其优点如下。

- 在有很多合法选项时，IN 操作符的语法更清楚，更直观。
- 在与其他 AND 和 OR 操作符组合使用 IN 时，求值顺序更容易管理。
- IN 操作符一般比一组 OR 操作符执行得更快（在上面这个合法选项很少的例子中，你看不出性能差异）。
- IN 的最大优点是可以包含其他 SELECT 语句，能够更动态地建立 WHERE 子句。第 11 课会对此进行详细介绍。

IN

WHERE 子句中用来指定要匹配值的清单的关键字，功能与 OR 相当。

5.3 NOT 操作符

WHERE 子句中的 NOT 操作符有且只有一个功能，那就是否定其后所跟的任何条件。因为 NOT 从不单独使用（它总是与其他操作符一起使用），所以它的语法与其他操作符有所不同。NOT 关键字可以用在要过滤的列前，而不仅是在其后。

NOT

WHERE 子句中用来否定其后条件的关键字。

下面的例子说明 NOT 的用法。为了列出除 DLL01 之外的所有供应商制造的产品，可编写如下的代码。

输入▼

```
SELECT prod_name
FROM Products
WHERE NOT vend_id = 'DLL01'
ORDER BY prod_name;
```

输出▼

```
prod_name
------------------
12 inch teddy bear
18 inch teddy bear
8 inch teddy bear
King doll
Queen doll
```

分析▼

这里的 NOT 否定跟在其后的条件，因此，DBMS 不是匹配 vend_id 为 DLL01，而是匹配非 DLL01 之外的所有东西。

上面的例子也可以使用<>操作符来完成，如下所示。

输入▼

```
SELECT prod_name
FROM Products
WHERE vend_id  <> 'DLL01'
ORDER BY prod_name;
```

输出▼

```
prod_name
------------------
12 inch teddy bear
18 inch teddy bear
8 inch teddy bear
King doll
Queen doll
```

分析▼

为什么使用 NOT？对于这里的这种简单的 WHERE 子句，使用 NOT 确实没有什么优势。但在更复杂的子句中，NOT 是非常有用的。例如，在与 IN 操作符联合使用时，NOT 可以非常简单地找出与条件列表不匹配的行。

> **说明：MariaDB 中的 NOT**
> MariaDB 支持使用 NOT 否定 IN、BETWEEN 和 EXISTS 子句。大多数 DBMS 允许使用 NOT 否定任何条件。

5.4　小结

这一课讲授如何用 AND 和 OR 操作符组合成 WHERE 子句，还讲授了如何明确地管理求值顺序，如何使用 IN 和 NOT 操作符。

5.5　挑战题

1. 编写 SQL 语句，从 Vendors 表中检索供应商名称（vend_name），仅返回加利福尼亚州的供应商（这需要按国家[USA]和州[CA]进行过滤，没准其他国家也存在一个加利福尼亚州）。提示：过滤器需要匹配字符串。

2. 编写 SQL 语句，查找所有至少订购了总量 100 个的 BR01、BR02 或 BR03 的订单。你需要返回 OrderItems 表的订单号（order_num）、产品 ID（prod_id）和数量，并按产品 ID 和数量进行过滤。提示：根据编写过滤器的方式，可能需要特别注意求值顺序。

3. 现在，我们回顾上一课的挑战题。编写 SQL 语句，返回所有价格在 3 美元到 6 美元之间的产品的名称（prod_name）和价格（prod_price）。使用 AND，然后按价格对结果进行排序。

4. 下面的 SQL 语句有问题吗？（尝试在不运行的情况下指出。）

```
SELECT vend_name
FROM Vendors
ORDER BY vend_name
WHERE vend_country = 'USA' AND vend_state = 'CA';
```

第 6 课　用通配符进行过滤

这一课介绍什么是通配符、如何使用通配符，以及怎样使用 LIKE 操作符进行通配搜索，以便对数据进行复杂过滤。

6.1　LIKE 操作符

前面介绍的所有操作符都是针对已知值进行过滤的。不管是匹配一个值还是多个值，检验大于还是小于已知值，或者检查某个范围的值，其共同点是过滤中使用的值都是已知的。

但是，这种过滤方法并不是任何时候都好用。例如，怎样搜索产品名中包含文本 bean bag 的所有产品？用简单的比较操作符肯定不行，必须使用通配符。利用通配符，可以创建比较特定数据的搜索模式。在这个例子中，如果你想找出名称包含 bean bag 的所有产品，可以构造一个通配符搜索模式，找出在产品名的任何位置出现 bean bag 的产品。

> **通配符（wildcard）**
>
> 用来匹配值的一部分的特殊字符。

> **搜索模式（search pattern）**
>
> 由字面值、通配符或两者组合构成的搜索条件。

通配符本身实际上是 SQL 的 WHERE 子句中有特殊含义的字符，SQL 支持几种通配符。为在搜索子句中使用通配符，必须使用 LIKE 操作符。LIKE 指示 DBMS，后跟的搜索模式利用通配符匹配而不是简单的相等匹配进行比较。

> **谓词（predicate）**
> 操作符何时不是操作符？答案是，它作为谓词时。从技术上说，LIKE 是谓词而不是操作符。虽然最终的结果是相同的，但应该对此术语有所了解，以免在 SQL 文献或手册中遇到此术语时不知所云。

通配符搜索只能用于文本字段（字符串），非文本数据类型字段不能使用通配符搜索。

6.1.1　百分号（%）通配符

最常使用的通配符是百分号（%）。在搜索串中，%表示任何字符出现任意次数。例如，为了找出所有以词 Fish 起头的产品，可写以下的 SELECT 语句：

输入▼

```
SELECT prod_id, prod_name
FROM Products
WHERE prod_name LIKE 'Fish%';
```

输出▼

```
prod_id     prod_name
-------     ------------------
BNBG01      Fish bean bag toy
```

分析▼

此例子使用了搜索模式'Fish%'。在执行这条子句时，将检索任意以

Fish 起头的词。%告诉 DBMS 接受 Fish 之后的任意字符，不管它有多少字符。

> **说明：区分大小写**
>
> 根据 DBMS 的不同及其配置，搜索可以是区分大小写的。如果区分大小写，则'fish%'与 Fish bean bag toy 就不匹配。

通配符可在搜索模式中的任意位置使用，并且可以使用多个通配符。下面的例子使用两个通配符，它们位于模式的两端：

输入▼

```
SELECT prod_id, prod_name
FROM Products
WHERE prod_name LIKE '%bean bag%';
```

输出▼

```
prod_id      prod_name
--------     --------------------
BNBG01       Fish bean bag toy
BNBG02       Bird bean bag toy
BNBG03       Rabbit bean bag toy
```

分析▼

搜索模式'%bean bag%'表示匹配任何位置上包含文本 bean bag 的值，不论它之前或之后出现什么字符。

通配符也可以出现在搜索模式的中间，虽然这样做不太有用。下面的例子找出以 F 起头、以 y 结尾的所有产品：

输入▼

```
SELECT prod_name
```

```
FROM Products
WHERE prod_name LIKE 'F%y';
```

提示：根据部分信息搜索电子邮件地址

有一种情况下把通配符放在搜索模式中间是很有用的，就是根据邮件地址的一部分来查找电子邮件，例如 WHERE email LIKE 'b%@forta.com'。

需要特别注意，除了能匹配一个或多个字符外，%还能匹配 0 个字符。%代表搜索模式中给定位置的 0 个、1 个或多个字符。

说明：请注意后面所跟的空格

有些 DBMS 用空格来填补字段的内容。例如，如果某列有 50 个字符，而存储的文本为 Fish bean bag toy（17 个字符），则为填满该列需要在文本后附加 33 个空格。这样做一般对数据及其使用没有影响，但是可能对上述 SQL 语句有负面影响。子句 WHERE prod_name LIKE 'F%y'只匹配以 F 开头、以 y 结尾的 prod_name。如果值后面跟空格，则不是以 y 结尾，所以 Fish bean bag toy 就不会检索出来。简单的解决办法是给搜索模式再增加一个%号：'F%y%'还匹配 y 之后的字符（或空格）。更好的解决办法是用函数去掉空格。请参阅第 8 课。

注意：请注意 NULL

通配符%看起来像是可以匹配任何东西，但有个例外，这就是 NULL。子句 WHERE prod_name LIKE '%'不会匹配产品名称为 NULL 的行。

6.1.2 下划线（_）通配符

另一个有用的通配符是下划线（_）。下划线的用途与%一样，但它只匹配单个字符，而不是多个字符。

> **说明：DB2 通配符**
>
> DB2 不支持通配符_。

举一个例子：

输入▼

```
SELECT prod_id, prod_name
FROM Products
WHERE prod_name LIKE '__ inch teddy bear';
```

> **说明：请注意后面所跟的空格**
>
> 与上例一样，可能需要给这个模式添加一个通配符。

输出▼

```
prod_id       prod_name
--------      --------------------
BR02          12 inch teddy bear
BR03          18 inch teddy bear
```

分析▼

这个 WHERE 子句中的搜索模式给出了后面跟有文本的两个通配符。结果只显示匹配搜索模式的行：第一行中下划线匹配 12，第二行中匹配 18。8 inch teddy bear 产品没有匹配，因为搜索模式要求匹配两个通配符而不是一个。对照一下，下面的 SELECT 语句使用%通配符，返回三行产品：

输入▼

```
SELECT prod_id, prod_name
FROM Products
WHERE prod_name LIKE '% inch teddy bear';
```

输出▼

```
prod_id       prod_name
--------      --------------------
BR01          8 inch teddy bear
BR02          12 inch teddy bear
BNR3          18 inch teddy bear
```

与%能匹配多个字符不同，_总是刚好匹配一个字符，不能多也不能少。

6.1.3　方括号（[]）通配符

方括号（[]）通配符用来指定一个字符集，它必须匹配指定位置（通配符的位置）的一个字符。

> **说明：并不总是支持集合**
>
> 与前面描述的通配符不一样，并不是所有DBMS都支持用来创建集合的[]。微软的SQL Server支持集合，但是MySQL，Oracle，DB2，SQLite都不支持。为确定你使用的DBMS是否支持集合，请参阅相应的文档。

例如，找出所有名字以J或M起头的联系人，可进行如下查询：

输入▼

```
SELECT cust_contact
FROM Customers
WHERE cust_contact LIKE '[JM]%'
ORDER BY cust_contact;
```

输出▼

```
cust_contact
-----------------
Jim Jones
John Smith
Michelle Green
```

分析▼

此语句的 WHERE 子句中的模式为'[JM]%'。这一搜索模式使用了两个不同的通配符。[JM]匹配方括号中任意一个字符，它也只能匹配单个字符。因此，任何多于一个字符的名字都不匹配。[JM]之后的%通配符匹配第一个字符之后的任意数目的字符，返回所需结果。

此通配符可以用前缀字符^（脱字号）来否定。例如，下面的查询匹配以 J 和 M 之外的任意字符起头的任意联系人名（与前一个例子相反）：

输入▼

```
SELECT cust_contact
FROM Customers
WHERE cust_contact LIKE '[^JM]%'
ORDER BY cust_contact;
```

当然，也可以使用 NOT 操作符得出类似的结果。^ 的唯一优点是在使用多个 WHERE 子句时可以简化语法：

输入▼

```
SELECT cust_contact
FROM Customers
WHERE NOT cust_contact LIKE '[JM]%'
ORDER BY cust_contact;
```

6.2 使用通配符的技巧

正如所见，SQL 的通配符很有用。但这种功能是有代价的，即通配符搜索一般比前面讨论的其他搜索要耗费更长的处理时间。这里给出一些使用通配符时要记住的技巧。

- 不要过度使用通配符。如果其他操作符能达到相同的目的，应该使用其他操作符。
- 在确实需要使用通配符时，也尽量不要把它们用在搜索模式的开始处。把通配符置于开始处，搜索起来是最慢的。
- 仔细注意通配符的位置。如果放错地方，可能不会返回想要的数据。

总之，通配符是一种极其重要和有用的搜索工具，以后我们经常会用到它。

6.3　小结

这一课介绍了什么是通配符，如何在 WHERE 子句中使用 SQL 通配符，还说明了通配符应该细心使用，不要使用过度。

6.4　挑战题

1. 编写 SQL 语句，从 Products 表中检索产品名称（prod_name）和描述（prod_desc），仅返回描述中包含 toy 一词的产品。

2. 反过来再来一次。编写 SQL 语句，从 Products 表中检索产品名称（prod_name）和描述（prod_desc），仅返回描述中未出现 toy 一词的产品。这次，按产品名称对结果进行排序。

3. 编写 SQL 语句，从 Products 表中检索产品名称（prod_name）和描述（prod_desc），仅返回描述中同时出现 toy 和 carrots 的产品。有好几种方法可以执行此操作，但对于这个挑战题，请使用 AND 和两个 LIKE 比较。

4. 来个比较棘手的。我没有特别向你展示这个语法，而是想看看你根据目前已学的知识是否可以找到答案。编写 SQL 语句，从 Products 表中检索产品名称（prod_name）和描述（prod_desc），仅返回在描述中以先后顺序同时出现 toy 和 carrots 的产品。提示：只需要用带有三个 % 符号的 LIKE 即可。

第 7 课　创建计算字段

这一课介绍什么是计算字段，如何创建计算字段，以及如何从应用程序中使用别名引用它们。

7.1　计算字段

存储在数据库表中的数据一般不是应用程序所需要的格式，下面举几个例子。

- 需要显示公司名，同时还需要显示公司的地址，但这两个信息存储在不同的表列中。
- 城市、州和邮政编码存储在不同的列中（应该这样），但邮件标签打印程序需要把它们作为一个有恰当格式的字段检索出来。
- 列数据是大小写混合的，但报表程序需要把所有数据按大写表示出来。
- 物品订单表存储物品的价格和数量，不存储每个物品的总价格（用价格乘以数量即可）。但为打印发票，需要物品的总价格。
- 需要根据表数据进行诸如总数、平均数的计算。

在上述每个例子中，存储在表中的数据都不是应用程序所需要的。我们需要直接从数据库中检索出转换、计算或格式化过的数据，而不是检索出数据，然后再在客户端应用程序中重新格式化。

这就是计算字段可以派上用场的地方了。与前几课介绍的列不同，计算字段并不实际存在于数据库表中。计算字段是运行时在 SELECT 语句内创建的。

> **字段（field）**
> 基本上与列（column）的意思相同，经常互换使用，不过数据库列一般称为列，而字段这个术语通常在计算字段这种场合下使用。

需要特别注意，只有数据库知道 SELECT 语句中哪些列是实际的表列，哪些列是计算字段。从客户端（如应用程序）来看，计算字段的数据与其他列的数据的返回方式相同。

> **提示：客户端与服务器的格式**
> 在 SQL 语句内可完成的许多转换和格式化工作都可以直接在客户端应用程序内完成。但一般来说，在数据库服务器上完成这些操作比在客户端中完成要快得多。

7.2 拼接字段

为了说明如何使用计算字段，我们来举一个简单例子，创建由两列组成的标题。

Vendors 表包含供应商名和地址信息。假如要生成一个供应商报表，需要在格式化的名称（位置）中列出供应商的位置。

此报表需要一个值，而表中数据存储在两个列 vend_name 和 vend_country 中。此外，需要用括号将 vend_country 括起来，这些东西都没有存储在数据库表中。这个返回供应商名称和地址的 SELECT 语句很简单，但我们是如何创建这个组合值的呢?

> **拼接（concatenate）**
> 将值联结到一起（将一个值附加到另一个值）构成单个值。

解决办法是把两个列拼接起来。在 SQL 中的 SELECT 语句中，可使用一个特殊的操作符来拼接两个列。根据你所使用的 DBMS，此操作符可用加号（+）或两个竖杠（||）表示。在 MySQL 和 MariaDB 中，必须使用特殊的函数。

> **说明：是+还是||？**
> SQL Server 使用+号。DB2、Oracle、PostgreSQL 和 SQLite 使用||。详细请参阅具体的 DBMS 文档。

下面是使用加号的例子（多数 DBMS 使用这种语法）：

输入▼

```
SELECT vend_name + '(' + vend_country + ')'
FROM Vendors
ORDER BY vend_name;
```

输出▼

```
-----------------------------------------------------------
Bear Emporium                                 (USA        )
Bears R Us                                    (USA        )
Doll House Inc.                               (USA        )
Fun and Games                                 (England    )
Furball Inc.                                  (USA        )
Jouets et ours                                (France     )
```

下面是相同的语句，但使用的是||语法：

输入▼

```
SELECT vend_name || '(' || vend_country || ')'
```

```
FROM Vendors
ORDER BY vend_name;
```

输出▼

```
-----------------------------------------------------------
Bear Emporium                                  (USA        )
Bears R Us                                     (USA        )
Doll House Inc.                                (USA        )
Fun and Games                                  (England    )
Furball Inc.                                   (USA        )
Jouets et ours                                 (France     )
```

下面是使用 MySQL 或 MariaDB 时需要使用的语句：

输入▼

```
SELECT Concat(vend_name, ' (', vend_country, ')')
FROM Vendors
ORDER BY vend_name;
```

分析▼

上面两个 SELECT 语句拼接以下元素：

- 存储在 vend_name 列中的名字；
- 包含一个空格和一个左圆括号的字符串；
- 存储在 vend_country 列中的国家；
- 包含一个右圆括号的字符串。

从上述输出中可以看到，SELECT 语句返回包含上述四个元素的一个列（计算字段）。

再看看上述 SELECT 语句返回的输出。结合成一个计算字段的两个列用空格填充。许多数据库（不是所有）保存填充为列宽的文本值，而实际上你要的结果不需要这些空格。为正确返回格式化的数据，必须去掉这些空格。这可以使用 SQL 的 RTRIM()函数来完成，如下所示：

输入▼

```
SELECT RTRIM(vend_name) + ' (' + RTRIM(vend_country) + ')'
FROM Vendors
ORDER BY vend_name;
```

输出▼

```
-----------------------------------------------------------
Bear Emporium (USA)
Bears R Us (USA)
Doll House Inc. (USA)
Fun and Games (England)
Furball Inc. (USA)
Jouets et ours (France)
```

下面是相同的语句，但使用的是||：

输入▼

```
SELECT RTRIM(vend_name) || ' (' || RTRIM(vend_country) || ')'
FROM Vendors
ORDER BY vend_name;
```

输出▼

```
-----------------------------------------------------------
Bear Emporium (USA)
Bears R Us (USA)
Doll House Inc. (USA)
Fun and Games (England)
Furball Inc. (USA)
Jouets et ours (France)
```

分析▼

RTRIM()函数去掉值右边的所有空格。通过使用 RTRIM()，各个列都进行了整理。

> **说明：TRIM 函数**
>
> 大多数 DBMS 都支持 RTRIM()（正如刚才所见，它去掉字符串右边的空格）、LTRIM()（去掉字符串左边的空格）以及 TRIM()（去掉字符串左右两边的空格）。

使用别名

从前面的输出可以看到，SELECT 语句可以很好地拼接地址字段。但是，这个新计算列的名字是什么呢？实际上它没有名字，它只是一个值。如果仅在 SQL 查询工具中查看一下结果，这样没有什么不好。但是，一个未命名的列不能用于客户端应用中，因为客户端没有办法引用它。

为了解决这个问题，SQL 支持列别名。别名（alias）是一个字段或值的替换名。别名用 AS 关键字赋予。请看下面的 SELECT 语句：

输入▼

```
SELECT RTRIM(vend_name) + ' (' + RTRIM(vend_country) + ')'
 AS vend_title
FROM Vendors
ORDER BY vend_name;
```

输出▼

```
vend_title
-----------------------------------------------------------
Bear Emporium (USA)
Bears R Us (USA)
Doll House Inc. (USA)
Fun and Games (England)
Furball Inc. (USA)
Jouets et ours (France)
```

下面是相同的语句，但使用的是||语法：

输入▼

```
SELECT RTRIM(vend_name) || ' (' || RTRIM(vend_country) || ')'
 AS vend_title
FROM Vendors
ORDER BY vend_name;
```

下面是 MySQL 和 MariaDB 中使用的语句：

输入▼

```
SELECT Concat(RTrim(vend_name), ' (',
       RTrim(vend_country), ')') AS vend_title
FROM Vendors
ORDER BY vend_name;
```

分析▼

SELECT 语句本身与以前使用的相同，只不过这里的计算字段之后跟了文本 AS vend_title。它指示 SQL 创建一个包含指定计算结果的名为 vend_title 的计算字段。从输出可以看到，结果与以前的相同，但现在列名为 vend_title，任何客户端应用都可以按名称引用这个列，就像它是一个实际的表列一样。

> **说明：AS 通常可选**
>
> 在很多 DBMS 中，AS 关键字是可选的，不过最好使用它，这被视为一条最佳实践。

> **提示：别名的其他用途**
>
> 别名还有其他用途。常见的用途包括在实际的表列名包含不合法的字符（如空格）时重新命名它，在原来的名字含混或容易误解时扩充它。

> **注意：别名**
>
> 别名的名字既可以是一个单词，也可以是一个字符串。如果是后者，字符串应该括在引号中。虽然这种做法是合法的，但不建议这么去做。多单词的名字可读性高，不过会给客户端应用带来各种问题。因此，别名最常见的使用是将多个单词的列名重命名为一个单词的名字。

> **说明：导出列**
>
> 别名有时也称为导出列（derived column），不管怎么叫，它们所代表的是相同的东西。

7.3 执行算术计算

计算字段的另一常见用途是对检索出的数据进行算术计算。举个例子，Orders 表包含收到的所有订单，OrderItems 表包含每个订单中的各项物品。下面的 SQL 语句检索订单号 20008 中的所有物品：

输入▼

```
SELECT prod_id, quantity, item_price
FROM OrderItems
WHERE order_num = 20008;
```

输出▼

```
prod_id         quantity        item_price
----------      -----------     ---------------------
RGAN01          5               4.9900
BR03            5               11.9900
BNBG01          10              3.4900
BNBG02          10              3.4900
BNBG03          10              3.4900
```

item_price 列包含订单中每项物品的单价。如下汇总物品的价格（单价乘以订购数量）：

输入▼

```
SELECT prod_id,
       quantity,
       item_price,
       quantity*item_price AS expanded_price
FROM OrderItems
WHERE order_num = 20008;
```

输出▼

```
prod_id      quantity     item_price     expanded_price
----------   -----------  ------------   ----------------
RGAN01       5            4.9900         24.9500
BR03         5            11.9900        59.9500
BNBG01       10           3.4900         34.9000
BNBG02       10           3.4900         34.9000
BNBG03       10           3.4900         34.9000
```

分析▼

输出中显示的 expanded_price 列是一个计算字段，此计算为 quantity*item_price。客户端应用现在可以使用这个新计算列，就像使用其他列一样。

SQL 支持表 7-1 中列出的基本算术操作符。此外，圆括号可用来区分优先顺序。关于优先顺序的介绍，请参阅第 5 课。

表7-1　SQL算术操作符

操作符	说明
+	加
-	减
*	乘
/	除

> **提示：如何测试计算**
>
> SELECT 语句为测试、检验函数和计算提供了很好的方法。虽然 SELECT 通常用于从表中检索数据，但是省略了 FROM 子句后就是简单地访问和处理表达式，例如 SELECT 3 * 2;将返回 6，SELECT Trim(' abc ');将返回 abc，SELECT Curdate();使用 Curdate()函数返回当前日期和时间。现在你明白了，可以根据需要使用 SELECT 语句进行检验。

7.4 小结

这一课介绍了计算字段以及如何创建计算字段。我们用例子说明了计算字段在字符串拼接和算术计算中的用途。此外，还讲述了如何创建和使用别名，以便应用程序能引用计算字段。

7.5 挑战题

1. 别名的常见用法是在检索出的结果中重命名表的列字段（为了符合特定的报表要求或客户需求）。编写 SQL 语句，从 Vendors 表中检索 vend_id、vend_name、vend_address 和 vend_city，将 vend_name 重命名为 vname，将 vend_city 重命名为 vcity，将 vend_address 重命名为 vaddress。按供应商名称对结果进行排序（可以使用原始名称或新的名称）。

2. 我们的示例商店正在进行打折促销，所有产品均降价 10%。编写 SQL 语句，从 Products 表中返回 prod_id、prod_price 和 sale_price。sale_price 是一个包含促销价格的计算字段。提示：可以乘以 0.9，得到原价的 90%（即 10%的折扣）。

第 8 课　使用函数处理数据

这一课介绍什么是函数，DBMS 支持何种函数，以及如何使用这些函数；还将讲解为什么 SQL 函数的使用可能会带来问题。

8.1　函数

与大多数其他计算机语言一样，SQL 也可以用函数来处理数据。函数一般是在数据上执行的，为数据的转换和处理提供了方便。

前一课中用来去掉字符串尾的空格的 RTRIM()就是一个函数。

函数带来的问题

在学习这一课并进行实践之前，你应该了解使用 SQL 函数所存在的问题。

与几乎所有 DBMS 都等同地支持 SQL 语句（如 SELECT）不同，每一个 DBMS 都有特定的函数。事实上，只有少数几个函数被所有主要的 DBMS 等同地支持。虽然所有类型的函数一般都可以在每个 DBMS 中使用，但各个函数的名称和语法可能极其不同。为了说明可能存在的问题，表 8-1 列出了 3 个常用的函数及其在各个 DBMS 中的语法：

表8-1 DBMS函数的差异

函 数	语 法
提取字符串的组成部分	DB2、Oracle、PostgreSQL和SQLite使用SUBSTR()；MariaDB、MySQL和SQL Server使用SUBSTRING()
数据类型转换	Oracle使用多个函数，每种类型的转换有一个函数；DB2和PostgreSQL使用CAST()；MariaDB、MySQL和SQL Server使用CONVERT()
取当前日期	DB2和PostgreSQL使用CURRENT_DATE；MariaDB和MySQL使用CURDATE()；Oracle使用SYSDATE；SQL Server使用GETDATE()；SQLite使用DATE()

可以看到，与SQL语句不一样，SQL函数不是可移植的。这意味着为特定SQL实现编写的代码在其他实现中可能不能用。

可移植（portable）

所编写的代码可以在多个系统上运行。

为了代码的可移植，许多SQL程序员不赞成使用特定于实现的功能。虽然这样做很有好处，但有的时候并不利于应用程序的性能。如果不使用这些函数，编写某些应用程序代码会很艰难。必须利用其他方法来实现DBMS可以非常有效完成的工作。

提示：是否应该使用函数?

现在，你面临是否应该使用函数的选择。决定权在你，使用或是不使用也没有对错之分。如果你决定使用函数，应该保证做好代码注释，以便以后你自己（或其他人）能确切地知道这些SQL代码的含义。

8.2 使用函数

大多数SQL实现支持以下类型的函数。

- 用于处理文本字符串（如删除或填充值，转换值为大写或小写）的文本函数。
- 用于在数值数据上进行算术操作（如返回绝对值，进行代数运算）的数值函数。
- 用于处理日期和时间值并从这些值中提取特定成分（如返回两个日期之差，检查日期有效性）的日期和时间函数。
- 用于生成美观好懂的输出内容的格式化函数（如用语言形式表达出日期，用货币符号和千分位表示金额）。
- 返回 DBMS 正使用的特殊信息（如返回用户登录信息）的系统函数。

我们在上一课看到函数用于 SELECT 后面的列名，但函数的作用不仅于此。它还可以作为 SELECT 语句的其他成分，如在 WHERE 子句中使用，在其他 SQL 语句中使用等，后面会做更多的介绍。

8.2.1　文本处理函数

在上一课，我们已经看过一个文本处理函数的例子，其中使用 RTRIM() 函数来去除列值右边的空格。下面是另一个例子，这次使用的是 UPPER() 函数：

输入▼

```
SELECT vend_name, UPPER(vend_name) AS vend_name_upcase
FROM Vendors
ORDER BY vend_name;
```

输出▼

```
vend_name                          vend_name_upcase
---------------------------        ----------------------------
Bear Emporium                      BEAR EMPORIUM
```

```
Bears R Us                         BEARS R US
Doll House Inc.                    DOLL HOUSE INC.
Fun and Games                      FUN AND GAMES
Furball Inc.                       FURBALL INC.
Jouets et ours                     JOUETS ET OURS
```

可以看到，UPPER()将文本转换为大写，因此本例子中每个供应商都列出两次，第一次为 Vendors 表中存储的值，第二次作为列 vend_name_upcase 转换为大写。

> **提示：大写，小写，大小写混合**
> 此时你应该已经知道SQL函数不区分大小写，因此upper()，UPPER()，Upper()都可以，substr()，SUBSTR()，SubStr()也都行。随你的喜好，不过注意保持风格一致，不要变来变去，否则你写的程序代码就不好读了。

表 8-2 列出了一些常用的文本处理函数。

表8-2 常用的文本处理函数

函　　数	说　　明
LEFT()（或使用子字符串函数）	返回字符串左边的字符
LENGTH()（也使用DATALENGTH()或LEN()）	返回字符串的长度
LOWER()	将字符串转换为小写
LTRIM()	去掉字符串左边的空格
RIGHT()（或使用子字符串函数）	返回字符串右边的字符
RTRIM()	去掉字符串右边的空格
SUBSTR()或SUBSTRING()	提取字符串的组成部分（见表8-1）
SOUNDEX()	返回字符串的SOUNDEX值
UPPER()	将字符串转换为大写

表 8-2 中的 SOUNDEX 需要做进一步的解释。SOUNDEX 是一个将任何文本串转换为描述其语音表示的字母数字模式的算法。SOUNDEX 考虑了

类似的发音字符和音节，使得能对字符串进行发音比较而不是字母比较。虽然 SOUNDEX 不是 SQL 概念，但多数 DBMS 都提供对 SOUNDEX 的支持。

> **说明：SOUNDEX 支持**
>
> PostgreSQL 不支持 SOUNDEX()，因此以下的例子不适用于这个 DBMS。
>
> 另外，如果在创建 SQLite 时使用了 SQLITE_SOUNDEX 编译时选项，那么 SOUNDEX()在 SQLite 中就可用。因为 SQLITE_SOUNDEX 不是默认的编译时选项，所以多数 SQLite 实现不支持 SOUNDEX()。

下面给出一个使用 SOUNDEX()函数的例子。Customers 表中有一个顾客 Kids Place，其联系名为 Michelle Green。但如果这是错误的输入，此联系名实际上应该是 Michael Green，该怎么办呢？显然，按正确的联系名搜索不会返回数据，如下所示：

输入▼

```
SELECT cust_name, cust_contact
FROM Customers
WHERE cust_contact = 'Michael Green';
```

输出▼

```
cust_name                     cust_contact
--------------------------    ------------------------------
```

现在试一下使用 SOUNDEX()函数进行搜索，它匹配所有发音类似于 Michael Green 的联系名：

输入▼

```
SELECT cust_name, cust_contact
```

```
FROM Customers
WHERE SOUNDEX(cust_contact) = SOUNDEX('Michael Green');
```

输出▼

```
cust_name                     cust_contact
--------------------------    ----------------------------
Kids Place                    Michelle Green
```

分析▼

在这个例子中，WHERE 子句使用 SOUNDEX()函数把 cust_contact 列值和搜索字符串转换为它们的 SOUNDEX 值。因为 Michael Green 和 Michelle Green 发音相似，所以它们的 SOUNDEX 值匹配，因此 WHERE 子句正确地过滤出了所需的数据。

8.2.2 日期和时间处理函数

日期和时间采用相应的数据类型存储在表中，每种 DBMS 都有自己的特殊形式。日期和时间值以特殊的格式存储，以便能快速和有效地排序或过滤，并且节省物理存储空间。

应用程序一般不使用日期和时间的存储格式，因此日期和时间函数总是用来读取、统计和处理这些值。由于这个原因，日期和时间函数在 SQL 中具有重要的作用。遗憾的是，它们很不一致，可移植性最差。

我们举个简单的例子，来说明日期处理函数的用法。Orders 表中包含的订单都带有订单日期。要检索出某年的所有订单，需要按订单日期去找，但不需要完整日期，只要年份即可。

为在 SQL Server 中检索 2020 年的所有订单，可如下进行：

输入▼

```
SELECT order_num
FROM Orders
WHERE DATEPART(yy, order_date) = 2020;
```

输出▼

```
order_num
-----------
20005
20006
20007
20008
20009
```

分析▼

这个例子使用了 DATEPART()函数，顾名思义，此函数返回日期的某一部分。DATEPART()函数有两个参数，它们分别是返回的成分和从中返回成分的日期。在此例子中，DATEPART()只从 order_date 列中返回年份。通过与 2020 比较，WHERE 子句只过滤出此年份的订单。

下面是使用名为 DATE_PART()的类似函数的 PostgreSQL 版本：

输入▼

```
SELECT order_num
FROM Orders
WHERE DATE_PART('year', order_date) = 2020;
```

Oracle 没有 DATEPART()函数，不过有几个可用来完成相同检索的日期处理函数。例如：

输入▼

```
SELECT order_num
```

```
FROM Orders
WHERE EXTRACT(year FROM order_date) = 2020;
```

分析▼

在这个例子中，EXTRACT()函数用来提取日期的成分，year 表示提取哪个部分，返回值再与 2020 进行比较。

> **提示：PostgreSQL 支持 Extract()**
>
> 除了前面用到的 DatePart()，PostgreSQL 也支持 Extract()函数，因而也能这么用。

完成相同工作的另一方法是使用 BETWEEN 操作符：

输入▼

```
SELECT order_num
FROM Orders
WHERE order_date BETWEEN to_date('2020-01-01', 'yyyy-mm-dd')
 AND to_date('2020-12-31', 'yyyy-mm-dd');
```

分析▼

在此例子中，Oracle 的 to_date()函数用来将两个字符串转换为日期。一个包含 2020 年 1 月 1 日，另一个包含 2020 年 12 月 31 日。BETWEEN 操作符用来找出两个日期之间的所有订单。值得注意的是，相同的代码在 SQL Server 中不起作用，因为它不支持 to_date()函数。但是，如果用 DATEPART()替换 to_date()，当然可以使用这种类型的语句。

DB2，MySQL 和 MariaDB 具有各种日期处理函数，但没有 DATEPART()。DB2，MySQL 和 MariaDB 用户可使用名为 YEAR()的函数从日期中提取年份：

输入▼

```
SELECT order_num
FROM Orders
WHERE YEAR(order_date) = 2020;
```

在 SQLite 中有个小技巧：

输入▼

```
SELECT order_num
FROM Orders
WHERE strftime('%Y', order_date) = '2020';
```

这里给出的例子提取和使用日期的成分（年）。按月份过滤，可以进行相同的处理，使用 AND 操作符可以进行年份和月份的比较。

DBMS 提供的功能远不止简单的日期成分提取。大多数 DBMS 具有比较日期、执行日期的运算、选择日期格式等的函数。但是，可以看到，不同 DBMS 的日期-时间处理函数可能不同。关于你的 DBMS 具体支持的日期-时间处理函数，请参阅相应的文档。

8.2.3　数值处理函数

数值处理函数仅处理数值数据。这些函数一般主要用于代数、三角或几何运算，因此不像字符串或日期-时间处理函数使用那么频繁。

具有讽刺意味的是，在主要 DBMS 的函数中，数值函数是最一致、最统一的函数。表 8-3 列出一些常用的数值处理函数。

表8-3 常用数值处理函数

函 数	说 明
ABS()	返回一个数的绝对值
COS()	返回一个角度的余弦
EXP()	返回一个数的指数值
PI()	返回圆周率 π 的值
SIN()	返回一个角度的正弦
SQRT()	返回一个数的平方根
TAN()	返回一个角度的正切

关于具体 DBMS 所支持的算术处理函数，请参阅相应的文档。

8.3 小结

这一课介绍了如何使用 SQL 的数据处理函数。虽然这些函数在格式化、处理和过滤数据中非常有用，但它们在各种 SQL 实现中很不一致。

8.4 挑战题

1. 我们的商店已经上线了，正在创建顾客账户。所有用户都需要登录名，默认登录名是其名称和所在城市的组合。编写 SQL 语句，返回顾客 ID（cust_id）、顾客名称（cust_name）和登录名（user_login），其中登录名全部为大写字母，并由顾客联系人的前两个字符（cust_contact）和其所在城市的前三个字符（cust_city）组成。例如，我的登录名是 BEOAK（Ben Forta，居住在 Oak Park）。提示：需要使用函数、拼接和别名。

2. 编写 SQL 语句，返回 2020 年 1 月的所有订单的订单号（order_num）和订单日期（order_date），并按订单日期排序。你应该能够根据目前已学的知识来解决此问题，但也可以开卷查阅 DBMS 文档。

第 9 课　汇总数据

这一课介绍什么是 SQL 的聚集函数，如何利用它们汇总表的数据。

9.1　聚集函数

我们经常需要汇总数据而不用把它们实际检索出来，为此 SQL 提供了专门的函数。使用这些函数，SQL 查询可用于检索数据，以便分析和报表生成。这种类型的检索例子有：

- 确定表中行数（或者满足某个条件或包含某个特定值的行数）；
- 获得表中某些行的和；
- 找出表列（或所有行或某些特定的行）的最大值、最小值、平均值。

上述例子都需要汇总出表中的数据，而不需要查出数据本身。因此，返回实际表数据纯属浪费时间和处理资源（更不用说带宽了）。再说一遍，我们实际想要的是汇总信息。

为方便这种类型的检索，SQL 给出了 5 个聚集函数，见表 9-1。这些函数能进行上述检索。与前一章介绍的数据处理函数不同，SQL 的聚集函数在各种主要 SQL 实现中得到了相当一致的支持。

> **聚集函数（aggregate function）**
> 对某些行运行的函数，计算并返回一个值。

表9-1 SQL聚集函数

函　数	说　明
AVG()	返回某列的平均值
COUNT()	返回某列的行数
MAX()	返回某列的最大值
MIN()	返回某列的最小值
SUM()	返回某列值之和

下面说明各函数的使用。

9.1.1 AVG()函数

AVG()通过对表中行数计数并计算其列值之和，求得该列的平均值。AVG()可用来返回所有列的平均值，也可以用来返回特定列或行的平均值。

下面的例子使用 AVG()返回 Products 表中所有产品的平均价格：

输入▼

```
SELECT AVG(prod_price) AS avg_price
FROM Products;
```

输出▼

```
avg_price
-------------
6.823333
```

分析▼

此 SELECT 语句返回值 avg_price，它包含 Products 表中所有产品的平均价格。如第 7 课所述，avg_price 是一个别名。

AVG()也可以用来确定特定列或行的平均值。下面的例子返回特定供应商所提供产品的平均价格：

输入▼

```
SELECT AVG(prod_price) AS avg_price
FROM Products
WHERE vend_id = 'DLL01';
```

输出▼

```
avg_price
-----------
3.8650
```

分析▼

这条 SELECT 语句与前一条的不同之处在于，它包含了 WHERE 子句。此 WHERE 子句仅过滤出 vend_id 为 DLL01 的产品，因此 avg_price 中返回的值只是该供应商产品的平均值。

> **注意：只用于单个列**
>
> AVG()只能用来确定特定数值列的平均值，而且列名必须作为函数参数给出。为了获得多个列的平均值，必须使用多个 AVG()函数。只有一个例外是要从多个列计算出一个值时，本课后面会讲到。

> **说明：NULL 值**
>
> AVG()函数忽略列值为 NULL 的行。

9.1.2 COUNT()函数

COUNT()函数进行计数。可利用 COUNT()确定表中行的数目或符合特定条件的行的数目。

COUNT()函数有两种使用方式：

- 使用 COUNT(*)对表中行的数目进行计数，不管表列中包含的是空值（NULL）还是非空值。
- 使用 COUNT(column)对特定列中具有值的行进行计数，忽略 NULL 值。

下面的例子返回 Customers 表中顾客的总数：

输入▼

```
SELECT COUNT(*) AS num_cust
FROM Customers;
```

输出▼

```
num_cust
--------
5
```

分析▼

在此例子中，利用 COUNT(*)对所有行计数，不管行中各列有什么值。计数值在 num_cust 中返回。

下面的例子只对具有电子邮件地址的客户计数：

输入▼

```
SELECT COUNT(cust_email) AS num_cust
FROM Customers;
```

输出▼

```
num_cust
--------
3
```

分析▼

这条 SELECT 语句使用 COUNT(cust_email)对 cust_email 列中有值的行进行计数。在此例子中，cust_email 的计数为 3（表示 5 个顾客中只有 3 个顾客有电子邮件地址）。

> **说明：NULL 值**
> 如果指定列名，则 COUNT()函数会忽略指定列的值为 NULL 的行，但如果 COUNT()函数中用的是星号（*），则不忽略。

9.1.3　MAX()函数

MAX()返回指定列中的最大值。MAX()要求指定列名，如下所示：

输入▼

```
SELECT MAX(prod_price) AS max_price
FROM Products;
```

输出▼

```
max_price
----------
11.9900
```

分析▼

这里，MAX()返回 Products 表中最贵物品的价格。

> **提示：对非数值数据使用 MAX()**
> 虽然 MAX()一般用来找出最大的数值或日期值，但许多（并非所有）DBMS 允许将它用来返回任意列中的最大值，包括返回文本列中的最大值。在用于文本数据时，MAX()返回按该列排序后的最后一行。

> **说明：NULL 值**
> MAX()函数忽略列值为 NULL 的行。

9.1.4 MIN()函数

MIN()的功能正好与 MAX()功能相反，它返回指定列的最小值。与 MAX()一样，MIN()要求指定列名，如下所示：

输入▼

```
SELECT MIN(prod_price) AS min_price
FROM Products;
```

输出▼

```
min_price
----------
3.4900
```

分析▼

其中 MIN()返回 Products 表中最便宜物品的价格。

> **提示：对非数值数据使用 MIN()**
> 虽然 MIN()一般用来找出最小的数值或日期值，但许多（并非所有）DBMS 允许将它用来返回任意列中的最小值，包括返回文本列中的最小值。在用于文本数据时，MIN()返回该列排序后最前面的行。

> **说明：NULL 值**
> MIN()函数忽略列值为 NULL 的行。

9.1.5 SUM()函数

SUM()用来返回指定列值的和（总计）。

下面举一个例子，OrderItems 包含订单中实际的物品，每个物品有相应的数量。可如下检索所订购物品的总数（所有 quantity 值之和）：

输入▼

```
SELECT SUM(quantity) AS items_ordered
FROM OrderItems
WHERE order_num = 20005;
```

输出▼

```
items_ordered
----------
200
```

分析▼

函数 SUM(quantity)返回订单中所有物品数量之和，WHERE 子句保证只统计某个物品订单中的物品。

SUM()也可以用来合计计算值。在下面的例子中，合计每项物品的 item_price*quantity，得出总的订单金额：

输入▼

```
SELECT SUM(item_price*quantity) AS total_price
FROM OrderItems
WHERE order_num = 20005;
```

输出▼

```
total_price
----------
1648.0000
```

分析▼

函数 SUM(item_price*quantity)返回订单中所有物品价钱之和，WHERE

子句同样保证只统计某个物品订单中的物品。

> **提示：在多个列上进行计算**
>
> 如本例所示，利用标准的算术操作符，所有聚集函数都可用来执行多个列上的计算。

> **说明：NULL 值**
>
> SUM()函数忽略列值为 NULL 的行。

9.2 聚集不同值

以上 5 个聚集函数都可以如下使用。

- 对所有行执行计算，指定 ALL 参数或不指定参数（因为 ALL 是默认行为）。
- 只包含不同的值，指定 DISTINCT 参数。

> **提示：ALL 为默认**
>
> ALL 参数不需要指定，因为它是默认行为。如果不指定 DISTINCT，则假定为 ALL。

下面的例子使用 AVG()函数返回特定供应商提供的产品的平均价格。它与上面的 SELECT 语句相同，但使用了 DISTINCT 参数，因此平均值只考虑各个不同的价格：

输入▼

```
SELECT AVG(DISTINCT prod_price) AS avg_price
FROM Products
WHERE vend_id = 'DLL01';
```

输出▼

```
avg_price
-----------
4.2400
```

分析▼

可以看到，在使用了 DISTINCT 后，此例子中的 avg_price 比较高，因为有多个物品具有相同的较低价格。排除它们提升了平均价格。

> **注意：DISTINCT 不能用于 COUNT(*)**
>
> 如果指定列名，则 DISTINCT 只能用于 COUNT()。DISTINCT 不能用于 COUNT(*)。类似地，DISTINCT 必须使用列名，不能用于计算或表达式。

> **提示：将 DISTINCT 用于 MIN()和 MAX()**
>
> 虽然 DISTINCT 从技术上可用于 MIN()和 MAX()，但这样做实际上没有价值。一个列中的最小值和最大值不管是否只考虑不同值，结果都是相同的。

> **说明：其他聚集参数**
>
> 除了这里介绍的 DISTINCT 和 ALL 参数，有的 DBMS 还支持其他参数，如支持对查询结果的子集进行计算的 TOP 和 TOP PERCENT。为了解具体的 DBMS 支持哪些参数，请参阅相应的文档。

9.3　组合聚集函数

目前为止的所有聚集函数例子都只涉及单个函数。但实际上，SELECT 语句可根据需要包含多个聚集函数。请看下面的例子：

输入▼

```
SELECT COUNT(*) AS num_items,
       MIN(prod_price) AS price_min,
       MAX(prod_price) AS price_max,
       AVG(prod_price) AS price_avg
FROM Products;
```

输出▼

```
num_items     price_min       price_max        price_avg
----------    -------------   --------------   ---------
9             3.4900          11.9900          6.823333
```

分析▼

这里用单条 SELECT 语句执行了 4 个聚集计算，返回 4 个值（Products 表中物品的数目，产品价格的最高值、最低值以及平均值）。

> **注意：取别名**
>
> 在指定别名以包含某个聚集函数的结果时，不应该使用表中实际的列名。虽然这样做也算合法，但许多 SQL 实现不支持，可能会产生模糊的错误消息。

9.4 小结

聚集函数用来汇总数据。SQL 支持 5 个聚集函数，可以用多种方法使用它们，返回所需的结果。这些函数很高效，它们返回结果一般比你在自己的客户端应用程序中计算要快得多。

9.5　挑战题

1. 编写 SQL 语句，确定已售出产品的总数（使用 `OrderItems` 中的 `quantity` 列）。

2. 修改刚刚创建的语句，确定已售出产品（`prod_id`）`BR01` 的总数。

3. 编写 SQL 语句，确定 `Products` 表中价格不超过 10 美元的最贵产品的价格（`prod_price`）。将计算所得的字段命名为 `max_price`。

第 10 课 分组数据

这一课介绍如何分组数据，以便汇总表内容的子集。这涉及两个新 SELECT 语句子句：GROUP BY 子句和 HAVING 子句。

10.1 数据分组

从上一课得知，使用 SQL 聚集函数可以汇总数据。这样，我们就能够对行进行计数，计算和与平均数，不检索所有数据就获得最大值和最小值。

目前为止的所有计算都是在表的所有数据或匹配特定的 WHERE 子句的数据上进行的。比如下面的例子返回供应商 DLL01 提供的产品数目：

输入▼

```
SELECT COUNT(*) AS num_prods
FROM Products
WHERE vend_id = 'DLL01';
```

输出▼

```
num_prods
-----------
4
```

如果要返回每个供应商提供的产品数目，该怎么办？或者返回只提供一项产品的供应商的产品，或者返回提供 10 个以上产品的供应商的产品，怎么办？

这就是分组大显身手的时候了。使用分组可以将数据分为多个逻辑组，对每个组进行聚集计算。

10.2　创建分组

分组是使用 SELECT 语句的 GROUP BY 子句建立的。理解分组的最好办法是看一个例子：

输入▼

```
SELECT vend_id, COUNT(*) AS num_prods
FROM Products
GROUP BY vend_id;
```

输出▼

```
vend_id     num_prods
-------     ---------
BRS01       3
DLL01       4
FNG01       2
```

分析▼

上面的 SELECT 语句指定了两个列：vend_id 包含产品供应商的 ID，num_prods 为计算字段（用 COUNT(*)函数建立）。GROUP BY 子句指示 DBMS 按 vend_id 排序并分组数据。这就会对每个 vend_id 而不是整个表计算 num_prods 一次。从输出中可以看到，供应商 BRS01 有 3 个产品，供应商 DLL01 有 4 个产品，而供应商 FNG01 有 2 个产品。

因为使用了 GROUP BY，就不必指定要计算和估值的每个组了。系统会自动完成。GROUP BY 子句指示 DBMS 分组数据，然后对每个组而不是整个结果集进行聚集。

在使用 GROUP BY 子句前，需要知道一些重要的规定。

- GROUP BY 子句可以包含任意数目的列，因而可以对分组进行嵌套，更细致地进行数据分组。
- 如果在 GROUP BY 子句中嵌套了分组，数据将在最后指定的分组上进行汇总。换句话说，在建立分组时，指定的所有列都一起计算（所以不能从个别的列取回数据）。
- GROUP BY 子句中列出的每一列都必须是检索列或有效的表达式（但不能是聚集函数）。如果在 SELECT 中使用表达式，则必须在 GROUP BY 子句中指定相同的表达式。不能使用别名。
- 大多数 SQL 实现不允许 GROUP BY 列带有长度可变的数据类型（如文本或备注型字段）。
- 除聚集计算语句外，SELECT 语句中的每一列都必须在 GROUP BY 子句中给出。
- 如果分组列中包含具有 NULL 值的行，则 NULL 将作为一个分组返回。如果列中有多行 NULL 值，它们将分为一组。
- GROUP BY 子句必须出现在 WHERE 子句之后，ORDER BY 子句之前。

提示：ALL 子句

Microsoft SQL Server 等有些 SQL 实现在 GROUP BY 中支持可选的 ALL 子句。这个子句可用来返回所有分组，即使是没有匹配行的分组也返回（在此情况下，聚集将返回 NULL）。具体的 DBMS 是否支持 ALL，请参阅相应的文档。

> **注意：通过相对位置指定列**
> 有的 SQL 实现允许根据 SELECT 列表中的位置指定 GROUP BY 的列。例如，GROUP BY 2，1 可表示按选择的第二个列分组，然后再按第一个列分组。虽然这种速记语法很方便，但并非所有 SQL 实现都支持，并且使用它容易在编辑 SQL 语句时出错。

10.3 过滤分组

除了能用 GROUP BY 分组数据外，SQL 还允许过滤分组，规定包括哪些分组，排除哪些分组。例如，你可能想要列出至少有两个订单的所有顾客。为此，必须基于完整的分组而不是个别的行进行过滤。

我们已经看到了 WHERE 子句的作用（第 4 课提及）。但是，在这个例子中 WHERE 不能完成任务，因为 WHERE 过滤指定的是行而不是分组。事实上，WHERE 没有分组的概念。

那么，不使用 WHERE 使用什么呢？SQL 为此提供了另一个子句，就是 HAVING 子句。HAVING 非常类似于 WHERE。事实上，目前为止所学过的所有类型的 WHERE 子句都可以用 HAVING 来替代。唯一的差别是，WHERE 过滤行，而 HAVING 过滤分组。

> **提示：HAVING 支持所有 WHERE 操作符**
> 在第 4 课和第 5 课中，我们学习了 WHERE 子句的条件（包括通配符条件和带多个操作符的子句）。学过的这些有关 WHERE 的所有技术和选项都适用于 HAVING。它们的句法是相同的，只是关键字有差别。

那么，怎么过滤分组呢？请看以下的例子：

输入▼

```
SELECT cust_id, COUNT(*) AS orders
FROM Orders
GROUP BY cust_id
HAVING COUNT(*) >= 2;
```

输出▼

```
cust_id        orders
----------     -----------
1000000001     2
```

分析▼

这条 SELECT 语句的前三行类似于上面的语句。最后一行增加了 HAVING 子句，它过滤 COUNT(*) >= 2（两个以上订单）的那些分组。

可以看到，WHERE 子句在这里不起作用，因为过滤是基于分组聚集值，而不是特定行的值。

> **说明：HAVING 和 WHERE 的差别**
>
> 这里有另一种理解方法，WHERE 在数据分组前进行过滤，HAVING 在数据分组后进行过滤。这是一个重要的区别，WHERE 排除的行不包括在分组中。这可能会改变计算值，从而影响 HAVING 子句中基于这些值过滤掉的分组。

那么，有没有在一条语句中同时使用 WHERE 和 HAVING 子句的需要呢？事实上，确实有。假如想进一步过滤上面的语句，使它返回过去 12 个月内具有两个以上订单的顾客。为此，可增加一条 WHERE 子句，过滤出过去 12 个月内下过的订单，然后再增加 HAVING 子句过滤出具有两个以上订单的分组。

为了更好地理解，来看下面的例子，它列出具有两个以上产品且其价格大于等于 4 的供应商：

输入▼

```
SELECT vend_id, COUNT(*) AS num_prods
FROM Products
WHERE prod_price >= 4
GROUP BY vend_id
HAVING COUNT(*) >= 2;
```

输出▼

```
vend_id     num_prods
-------     -----------
BRS01       3
FNG01       2
```

分析▼

这条语句中，第一行是使用了聚集函数的基本 SELECT 语句，很像前面的例子。WHERE 子句过滤所有 prod_price 至少为 4 的行，然后按 vend_id 分组数据，HAVING 子句过滤计数为 2 或 2 以上的分组。如果没有 WHERE 子句，就会多检索出一行（供应商 DLL01，销售 4 个产品，价格都在 4 以下）：

输入▼

```
SELECT vend_id, COUNT(*) AS num_prods
FROM Products
GROUP BY vend_id
HAVING COUNT(*) >= 2;
```

输出▼

```
vend_id     num_prods
-------     -----------
BRS01       3
DLL01       4
FNG01       2
```

> **说明：使用 HAVING 和 WHERE**
>
> HAVING 与 WHERE 非常类似，如果不指定 GROUP BY，则大多数 DBMS 会同等对待它们。不过，你自己要能区分这一点。使用 HAVING 时应该结合 GROUP BY 子句，而 WHERE 子句用于标准的行级过滤。

10.4 分组和排序

GROUP BY 和 ORDER BY 经常完成相同的工作，但它们非常不同，理解这一点很重要。表 10-1 汇总了它们之间的差别。

表10-1 ORDER BY与GROUP BY

ORDER BY	GROUP BY
对产生的输出排序	对行分组，但输出可能不是分组的顺序
任意列都可以使用（甚至非选择的列也可以使用）	只可能使用选择列或表达式列，而且必须使用每个选择列表达式
不一定需要	如果与聚集函数一起使用列（或表达式），则必须使用

表 10-1 中列出的第一项差别极为重要。我们经常发现，用 GROUP BY 分组的数据确实是以分组顺序输出的。但并不总是这样，这不是 SQL 规范所要求的。此外，即使特定的 DBMS 总是按给出的 GROUP BY 子句排序数据，用户也可能会要求以不同的顺序排序。就因为你以某种方式分组数据（获得特定的分组聚集值），并不表示你需要以相同的方式排序输出。应该提供明确的 ORDER BY 子句，即使其效果等同于 GROUP BY 子句。

> **提示：不要忘记 ORDER BY**
>
> 一般在使用 GROUP BY 子句时，应该也给出 ORDER BY 子句。这是保证数据正确排序的唯一方法。千万不要仅依赖 GROUP BY 排序数据。

为说明 GROUP BY 和 ORDER BY 的使用方法，来看一个例子。下面的 SELECT

语句类似于前面那些例子。它检索包含三个或更多物品的订单号和订购物品的数目：

输入▼

```
SELECT order_num, COUNT(*) AS items
FROM OrderItems
GROUP BY order_num
HAVING COUNT(*) >= 3;
```

输出▼

```
order_num      items
---------      -----
20006          3
20007          5
20008          5
20009          3
```

要按订购物品的数目排序输出，需要添加 ORDER BY 子句，如下所示：

输入▼

```
SELECT order_num, COUNT(*) AS items
FROM OrderItems
GROUP BY order_num
HAVING COUNT(*) >= 3
ORDER BY items, order_num;
```

输出▼

```
order_num      items
---------      -----
20006          3
20009          3
20007          5
20008          5
```

分析▼

在这个例子中，使用 GROUP BY 子句按订单号（order_num 列）分组数据，以便 COUNT(*)函数能够返回每个订单中的物品数目。HAVING 子句过滤数据，使得只返回包含三个或更多物品的订单。最后，用 ORDER BY 子句排序输出。

10.5 SELECT 子句顺序

下面回顾一下 SELECT 语句中子句的顺序。表 10-2 以在 SELECT 语句中使用时必须遵循的次序，列出迄今为止所学过的子句。

表10-2 SELECT子句及其顺序

子 句	说 明	是否必须使用
SELECT	要返回的列或表达式	是
FROM	从中检索数据的表	仅在从表选择数据时使用
WHERE	行级过滤	否
GROUP BY	分组说明	仅在按组计算聚集时使用
HAVING	组级过滤	否
ORDER BY	输出排序顺序	否

10.6 小结

上一课介绍了如何用 SQL 聚集函数对数据进行汇总计算。这一课讲授了如何使用 GROUP BY 子句对多组数据进行汇总计算，返回每个组的结果。我们看到了如何使用 HAVING 子句过滤特定的组，还知道了 ORDER BY 和 GROUP BY 之间以及 WHERE 和 HAVING 之间的差异。

10.7　挑战题

1. OrderItems 表包含每个订单的每个产品。编写 SQL 语句，返回每个订单号（order_num）各有多少行数（order_lines），并按 order_lines 对结果进行排序。

2. 编写 SQL 语句，返回名为 cheapest_item 的字段，该字段包含每个供应商成本最低的产品（使用 Products 表中的 prod_price），然后从最低成本到最高成本对结果进行排序。

3. 确定最佳顾客非常重要，请编写 SQL 语句，返回至少含 100 项的所有订单的订单号（OrderItems 表中的 order_num）。

4. 确定最佳顾客的另一种方式是看他们花了多少钱。编写 SQL 语句，返回总价至少为 1000 的所有订单的订单号（OrderItems 表中的 order_num）。提示：需要计算总和（item_price 乘以 quantity）。按订单号对结果进行排序。

5. 下面的 SQL 语句有问题吗？（尝试在不运行的情况下指出。）

```
SELECT order_num, COUNT(*) AS items
FROM OrderItems
GROUP BY items
HAVING COUNT(*) >= 3
ORDER BY items, order_num;
```

第 11 课　使用子查询

这一课介绍什么是子查询，如何使用它们。

11.1　子查询

SELECT 语句是 SQL 的查询。我们迄今为止所看到的所有 SELECT 语句都是简单查询，即从单个数据库表中检索数据的单条语句。

> **查询（query）**
> 任何 SQL 语句都是查询。但此术语一般指 SELECT 语句。

SQL 还允许创建子查询（subquery），即嵌套在其他查询中的查询。为什么要这样做呢？理解这个概念的最好方法是考察几个例子。

11.2　利用子查询进行过滤

本书所有课中使用的数据库表都是关系表（关于每个表及关系的描述，请参阅附录 A）。订单存储在两个表中。每个订单包含订单编号、客户 ID、订单日期，在 Orders 表中存储为一行。各订单的物品存储在相关的 OrderItems 表中。Orders 表不存储顾客信息，只存储顾客 ID。顾客的实际信息存储在 Customers 表中。

现在，假如需要列出订购物品 RGAN01 的所有顾客，应该怎样检索？下面列出具体的步骤。

(1) 检索包含物品 RGAN01 的所有订单的编号。
(2) 检索具有前一步骤列出的订单编号的所有顾客的 ID。
(3) 检索前一步骤返回的所有顾客 ID 的顾客信息。

上述每个步骤都可以单独作为一个查询来执行。可以把一条 SELECT 语句返回的结果用于另一条 SELECT 语句的 WHERE 子句。

也可以使用子查询来把 3 个查询组合成一条语句。

第一条 SELECT 语句的含义很明确，它对 prod_id 为 RGAN01 的所有订单物品，检索其 order_num 列。输出列出了两个包含此物品的订单：

输入▼

```
SELECT order_num
FROM OrderItems
WHERE prod_id = 'RGAN01';
```

输出▼

```
order_num
-----------
20007
20008
```

现在，我们知道了哪个订单包含要检索的物品，下一步查询与订单 20007 和 20008 相关的顾客 ID。利用第 5 课介绍的 IN 子句，编写如下的 SELECT 语句：

输入▼

```
SELECT cust_id
```

```
FROM Orders
WHERE order_num IN (20007,20008);
```

输出▼

```
cust_id
----------
1000000004
1000000005
```

现在，结合这两个查询，把第一个查询（返回订单号的那一个）变为子查询。请看下面的 SELECT 语句：

输入▼

```
SELECT cust_id
FROM Orders
WHERE order_num IN (SELECT order_num
                    FROM OrderItems
                    WHERE prod_id = 'RGAN01');
```

输出▼

```
cust_id
----------
1000000004
1000000005
```

分析▼

在 SELECT 语句中，子查询总是从内向外处理。在处理上面的 SELECT 语句时，DBMS 实际上执行了两个操作。

首先，它执行下面的查询：

```
SELECT order_num FROM orderitems WHERE prod_id='RGAN01'
```

此查询返回两个订单号：20007 和 20008。然后，这两个值以 IN 操作符要求的逗号分隔的格式传递给外部查询的 WHERE 子句。外部查询变成：

```
SELECT cust_id FROM orders WHERE order_num IN (20007,20008)
```

可以看到，输出是正确的，与前面硬编码 WHERE 子句所返回的值相同。

> **提示：格式化 SQL**
>
> 包含子查询的 SELECT 语句难以阅读和调试，它们在较为复杂时更是如此。如上所示，把子查询分解为多行并进行适当的缩进，能极大地简化子查询的使用。
>
> 顺便一提，这就是颜色编码起作用的地方，好的 DBMS 客户端正是出于这个原因使用了颜色代码 SQL。

现在得到了订购物品 RGAN01 的所有顾客的 ID。下一步是检索这些顾客 ID 的顾客信息。检索两列的 SQL 语句为：

输入▼

```
SELECT cust_name, cust_contact
FROM Customers
WHERE cust_id IN (1000000004,1000000005);
```

可以把其中的 WHERE 子句转换为子查询，而不是硬编码这些顾客 ID：

输入▼

```
SELECT cust_name, cust_contact
FROM Customers
WHERE cust_id IN (SELECT cust_id
                  FROM Orders
                  WHERE order_num IN (SELECT order_num
                                      FROM OrderItems
                                      WHERE prod_id = 'RGAN01'));
```

输出▼

```
cust_name                          cust_contact
------------------------------     --------------------
Fun4All                            Denise L. Stephens
The Toy Store                      Kim Howard
```

分析▼

为了执行上述 SELECT 语句，DBMS 实际上必须执行三条 SELECT 语句。最里边的子查询返回订单号列表，此列表用于其外面的子查询的 WHERE 子句。外面的子查询返回顾客 ID 列表，此顾客 ID 列表用于最外层查询的 WHERE 子句。最外层查询返回所需的数据。

可见，在 WHERE 子句中使用子查询能够编写出功能很强且很灵活的 SQL 语句。对于能嵌套的子查询的数目没有限制，不过在实际使用时由于性能的限制，不能嵌套太多的子查询。

> **注意：只能是单列**
> 作为子查询的 SELECT 语句只能查询单个列。企图检索多个列将返回错误。

> **注意：子查询和性能**
> 这里给出的代码有效，并且获得了所需的结果。但是，使用子查询并不总是执行这类数据检索的最有效方法。更多的论述，请参阅第 12 课，其中将再次给出这个例子。

11.3 作为计算字段使用子查询

使用子查询的另一方法是创建计算字段。假如需要显示 Customers 表中每个顾客的订单总数。订单与相应的顾客 ID 存储在 Orders 表中。

执行这个操作，要遵循下面的步骤：

(1) 从 Customers 表中检索顾客列表；

(2) 对于检索出的每个顾客，统计其在 Orders 表中的订单数目。

正如前两课所述，可以使用 SELECT COUNT(*)对表中的行进行计数，并且通过提供一条 WHERE 子句来过滤某个特定的顾客 ID，仅对该顾客的订单进行计数。例如，下面的代码对顾客 1000000001 的订单进行计数：

输入▼

```
SELECT COUNT(*) AS orders
FROM Orders
WHERE cust_id = 1000000001;
```

要对每个顾客执行 COUNT(*)，应该将它作为一个子查询。请看下面的代码：

输入▼

```
SELECT cust_name,
       cust_state,
       (SELECT COUNT(*)
        FROM Orders
        WHERE Orders.cust_id = Customers.cust_id) AS orders
FROM Customers
ORDER BY cust_name;
```

输出▼

```
cust_name                  cust_state    orders
-------------------------  ----------    ------
Fun4All                    IN            1
Fun4All                    AZ            1
Kids Place                 OH            0
The Toy Store              IL            1
Village Toys               MI            2
```

分析▼

这条 SELECT 语句对 Customers 表中每个顾客返回三列：cust_name、cust_state 和 orders。orders 是一个计算字段，它是由圆括号中的子查询建立的。该子查询对检索出的每个顾客执行一次。在此例中，该子查询执行了 5 次，因为检索出了 5 个顾客。

子查询中的 WHERE 子句与前面使用的 WHERE 子句稍有不同，因为它使用了完全限定列名，而不只是列名（cust_id）。它指定表名和列名（Orders.cust_id 和 Customers.cust_id）。下面的 WHERE 子句告诉 SQL，比较 Orders 表中的 cust_id 和当前正从 Customers 表中检索的 cust_id：

```
WHERE Orders.cust_id = Customers.cust_id
```

用一个句点分隔表名和列名，在有可能混淆列名时必须使用这种语法。在这个例子中，有两个 cust_id 列：一个在 Customers 中，另一个在 Orders 中。如果不采用完全限定列名，DBMS 会认为要对 Orders 表中的 cust_id 自身进行比较。因为

```
SELECT COUNT(*) FROM Orders WHERE cust_id = cust_id
```

总是返回 Orders 表中订单的总数，而这个结果不是我们想要的：

输入▼

```
SELECT cust_name,
       cust_state,
       (SELECT COUNT(*)
        FROM Orders
        WHERE cust_id = cust_id) AS orders
FROM Customers
ORDER BY cust_name;
```

输出▼

```
cust_name                    cust_state    orders
-------------------------    ----------    ------
Fun4All                      IN            5
Fun4All                      AZ            5
Kids Place                   OH            5
The Toy Store                IL            5
Village Toys                 MI            5
```

虽然子查询在构造这种 SELECT 语句时极有用，但必须注意限制有歧义的列。

> **注意：完全限定列名**
>
> 你已经看到了为什么要使用完全限定列名，没有具体指定就会返回错误结果，因为 DBMS 会误解你的意思。有时候，由于出现冲突列名而导致的歧义性，会引起 DBMS 抛出错误信息。例如，WHERE 或 ORDER BY 子句指定的某个列名可能会出现在多个表中。好的做法是，如果在 SELECT 语句中操作多个表，就应使用完全限定列名来避免歧义。

> **提示：不止一种解决方案**
>
> 正如这一课前面所述，虽然这里给出的样例代码运行良好，但它并不是解决这种数据检索的最有效方法。在后面两课学习 JOIN 时，我们还会遇到这个例子。

11.4　小结

这一课学习了什么是子查询，如何使用它们。子查询常用于 WHERE 子句的 IN 操作符中，以及用来填充计算列。我们举了这两种操作类型的例子。

11.5 挑战题

1. 使用子查询，返回购买价格为 10 美元或以上产品的顾客列表。你需要使用 OrderItems 表查找匹配的订单号（order_num），然后使用 Order 表检索这些匹配订单的顾客 ID（cust_id）。

2. 你想知道订购 BR01 产品的日期。编写 SQL 语句，使用子查询来确定哪些订单（在 OrderItems 中）购买了 prod_id 为 BR01 的产品，然后从 Orders 表中返回每个产品对应的顾客 ID（cust_id）和订单日期（order_date）。按订购日期对结果进行排序。

3. 现在我们让它更具挑战性。在上一个挑战题，返回购买 prod_id 为 BR01 的产品的所有顾客的电子邮件（Customers 表中的 cust_email）。提示：这涉及 SELECT 语句，最内层的从 OrderItems 表返回 order_num，中间的从 Orders 表返回 cust_id。

4. 我们需要一个顾客 ID 列表，其中包含他们已订购的总金额。编写 SQL 语句，返回顾客 ID（Orders 表中的 cust_id），并使用子查询返回 total_ordered 以便返回每个顾客的订单总数。将结果按金额从大到小排序。提示：你之前已经使用 SUM()计算订单总数。

5. 再来。编写 SQL 语句，从 Products 表中检索所有的产品名称（prod_name），以及名为 quant_sold 的计算列，其中包含所售产品的总数（在 OrderItems 表上使用子查询和 SUM(quantity)检索）。

第 12 课　联结表

这一课会介绍什么是联结，为什么使用联结，如何编写使用联结的 SELECT 语句。

12.1　联结

SQL 最强大的功能之一就是能在数据查询的执行中联结（join）表。联结是利用 SQL 的 SELECT 能执行的最重要的操作，很好地理解联结及其语法是学习 SQL 的极为重要的部分。

在能够有效地使用联结前，必须了解关系表以及关系数据库设计的一些基础知识。下面的介绍并不能涵盖这一主题的所有内容，但作为入门已经够了。

12.1.1　关系表

理解关系表，最好是来看个例子。

有一个包含产品目录的数据库表，其中每类物品占一行。对于每一种物品，要存储的信息包括产品描述、价格，以及生产该产品的供应商。

现在有同一供应商生产的多种物品，那么在何处存储供应商名、地址、联系方法等供应商信息呢？将这些数据与产品信息分开存储的理由是：

- 同一供应商生产的每个产品，其供应商信息都是相同的，对每个产品重复此信息既浪费时间又浪费存储空间；
- 如果供应商信息发生变化，例如供应商迁址或电话号码变动，只需修改一次即可；
- 如果有重复数据（即每种产品都存储供应商信息），则很难保证每次输入该数据的方式都相同。不一致的数据在报表中就很难利用。

关键是，相同的数据出现多次决不是一件好事，这是关系数据库设计的基础。关系表的设计就是要把信息分解成多个表，一类数据一个表。各表通过某些共同的值互相关联（所以才叫关系数据库）。

在这个例子中可建立两个表：一个存储供应商信息，另一个存储产品信息。Vendors 表包含所有供应商信息，每个供应商占一行，具有唯一的标识。此标识称为主键（primary key），可以是供应商 ID 或任何其他唯一值。

Products 表只存储产品信息，除了存储供应商 ID（Vendors 表的主键）外，它不存储其他有关供应商的信息。Vendors 表的主键将 Vendors 表与 Products 表关联，利用供应商 ID 能从 Vendors 表中找出相应供应商的详细信息。

这样做的好处是：

- 供应商信息不重复，不会浪费时间和空间；
- 如果供应商信息变动，可以只更新 Vendors 表中的单个记录，相关表中的数据不用改动；
- 由于数据不重复，数据显然是一致的，使得处理数据和生成报表更简单。

总之，关系数据可以有效地存储，方便地处理。因此，关系数据库的可伸缩性远比非关系数据库要好。

> **可伸缩（scale）**
> 能够适应不断增加的工作量而不失败。设计良好的数据库或应用程序称为可伸缩性好（scale well）。

12.1.2 为什么使用联结

如前所述，将数据分解为多个表能更有效地存储，更方便地处理，并且可伸缩性更好。但这些好处是有代价的。

如果数据存储在多个表中，怎样用一条 SELECT 语句就检索出数据呢？

答案是使用联结。简单说，联结是一种机制，用来在一条 SELECT 语句中关联表，因此称为联结。使用特殊的语法，可以联结多个表返回一组输出，联结在运行时关联表中正确的行。

> **说明：使用交互式 DBMS 工具**
> 重要的是，要理解联结不是物理实体。换句话说，它在实际的数据库表中并不存在。DBMS 会根据需要建立联结，它在查询执行期间一直存在。
>
> 许多 DBMS 提供图形界面，用来交互式地定义表关系。这些工具极其有助于维护引用完整性。在使用关系表时，仅在关系列中插入合法数据是非常重要的。回到这里的例子，如果 Products 表中存储了无效的供应商 ID，则相应的产品不可访问，因为它们没有关联到某个供应商。为避免这种情况发生，可指示数据库只允许在 Products 表的供应商 ID 列中出现合法值（即出现在 Vendors 表中的供应商）。引用完整性表示 DBMS 强制实施数据完整性规则。这些规则一般由提供了界面的 DBMS 管理。

12.2 创建联结

创建联结非常简单，指定要联结的所有表以及关联它们的方式即可。请看下面的例子：

输入▼

```
SELECT vend_name, prod_name, prod_price
FROM Vendors, Products
WHERE Vendors.vend_id = Products.vend_id;
```

输出▼

```
vend_name                prod_name                prod_price
--------------------     --------------------     ----------
Doll House Inc.          Fish bean bag toy        3.4900
Doll House Inc.          Bird bean bag toy        3.4900
Doll House Inc.          Rabbit bean bag toy      3.4900
Bears R Us               8 inch teddy bear        5.9900
Bears R Us               12 inch teddy bear       8.9900
Bears R Us               18 inch teddy bear       11.9900
Doll House Inc.          Raggedy Ann              4.9900
Fun and Games            King doll                9.4900
Fun and Games            Queen doll               9.4900
```

分析▼

我们来看这段代码。SELECT 语句与前面所有语句一样指定要检索的列。这里最大的差别是所指定的两列（prod_name 和 prod_price）在一个表中，而第一列（vend_name）在另一个表中。

现在来看 FROM 子句。与以前的 SELECT 语句不一样，这条语句的 FROM 子句列出了两个表：Vendors 和 Products。它们就是这条 SELECT 语句联结的两个表的名字。这两个表用 WHERE 子句正确地联结，WHERE 子句指示 DBMS 将 Vendors 表中的 vend_id 与 Products 表中的 vend_id 匹配起来。

可以看到,要匹配的两列指定为 Vendors.vend_id 和 Products.vend_id。这里需要这种完全限定列名，如果只给出 vend_id，DBMS 就不知道指的是哪一个（每个表中有一个）。从前面的输出可以看到，一条 SELECT 语句返回了两个不同表中的数据。

> **警告：完全限定列名**
> 就像前一课提到的，在引用的列可能出现歧义时，必须使用完全限定列名（用一个句点分隔表名和列名）。如果引用一个没有用表名限制的具有歧义的列名，大多数 DBMS 会返回错误。

12.2.1　WHERE 子句的重要性

使用 WHERE 子句建立联结关系似乎有点奇怪，但实际上是有个很充分的理由的。要记住，在一条 SELECT 语句中联结几个表时，相应的关系是在运行中构造的。在数据库表的定义中没有指示 DBMS 如何对表进行联结的内容。你必须自己做这件事情。在联结两个表时，实际要做的是将第一个表中的每一行与第二个表中的每一行配对。WHERE 子句作为过滤条件，只包含那些匹配给定条件（这里是联结条件）的行。没有 WHERE 子句，第一个表中的每一行将与第二个表中的每一行配对，而不管它们逻辑上是否能配在一起。

> **笛卡儿积（cartesian product）**
> 由没有联结条件的表关系返回的结果为笛卡儿积。检索出的行的数目将是第一个表中的行数乘以第二个表中的行数。

理解这一点，请看下面的 SELECT 语句及其输出：

输入▼

```
SELECT vend_name, prod_name, prod_price
FROM Vendors, Products;
```

输出▼

```
vend_name           prod_name                      prod_price
----------------    ----------------------------   ----------
Bears R Us          8 inch teddy bear              5.99
Bears R Us          12 inch teddy bear             8.99
Bears R Us          18 inch teddy bear             11.99
Bears R Us          Fish bean bag toy              3.49
Bears R Us          Bird bean bag toy              3.49
Bears R Us          Rabbit bean bag toy            3.49
Bears R Us          Raggedy Ann                    4.99
Bears R Us          King doll                      9.49
Bears R Us          Queen doll                     9.49
Bear Emporium       8 inch teddy bear              5.99
Bear Emporium       12 inch teddy bear             8.99
Bear Emporium       18 inch teddy bear             11.99
Bear Emporium       Fish bean bag toy              3.49
Bear Emporium       Bird bean bag toy              3.49
Bear Emporium       Rabbit bean bag toy            3.49
Bear Emporium       Raggedy Ann                    4.99
Bear Emporium       King doll                      9.49
Bear Emporium       Queen doll                     9.49
Doll House Inc.     8 inch teddy bear              5.99
Doll House Inc.     12 inch teddy bear             8.99
Doll House Inc.     18 inch teddy bear             11.99
Doll House Inc.     Fish bean bag toy              3.49
Doll House Inc.     Bird bean bag toy              3.49
Doll House Inc.     Rabbit bean bag toy            3.49
Doll House Inc.     Raggedy Ann                    4.99
Doll House Inc.     King doll                      9.49
Doll House Inc.     Queen doll                     9.49
Furball Inc.        8 inch teddy bear              5.99
Furball Inc.        12 inch teddy bear             8.99
Furball Inc.        18 inch teddy bear             11.99
Furball Inc.        Fish bean bag toy              3.49
Furball Inc.        Bird bean bag toy              3.49
```

```
Furball Inc.         Rabbit bean bag toy           3.49
Furball Inc.         Raggedy Ann                   4.99
Furball Inc.         King doll                     9.49
Furball Inc.         Queen doll                    9.49
Fun and Games        8 inch teddy bear             5.99
Fun and Games        12 inch teddy bear            8.99
Fun and Games        18 inch teddy bear            11.99
Fun and Games        Fish bean bag toy             3.49
Fun and Games        Bird bean bag toy             3.49
Fun and Games        Rabbit bean bag toy           3.49
Fun and Games        Raggedy Ann                   4.99
Fun and Games        King doll                     9.49
Fun and Games        Queen doll                    9.49
Jouets et ours       8 inch teddy bear             5.99
Jouets et ours       12 inch teddy bear            8.99
Jouets et ours       18 inch teddy bear            11.99
Jouets et ours       Fish bean bag toy             3.49
Jouets et ours       Bird bean bag toy             3.49
Jouets et ours       Rabbit bean bag toy           3.49
Jouets et ours       Raggedy Ann                   4.99
Jouets et ours       King doll                     9.49
Jouets et ours       Queen doll                    9.49
```

分析▼

从上面的输出可以看到，相应的笛卡儿积不是我们想要的。这里返回的数据用每个供应商匹配了每个产品，包括了供应商不正确的产品（即使供应商根本就没有产品）。

> **注意：不要忘了 WHERE 子句**
>
> 要保证所有联结都有 WHERE 子句，否则 DBMS 将返回比想要的数据多得多的数据。同理，要保证 WHERE 子句的正确性。不正确的过滤条件会导致 DBMS 返回不正确的数据。

> **提示：叉联结**
>
> 有时，返回笛卡儿积的联结，也称叉联结（cross join）。

12.2.2 内联结

目前为止使用的联结称为等值联结（equijoin），它基于两个表之间的相等测试。这种联结也称为内联结（inner join）。其实，可以对这种联结使用稍微不同的语法，明确指定联结的类型。下面的 SELECT 语句返回与前面例子完全相同的数据：

输入▼

```
SELECT vend_name, prod_name, prod_price
FROM Vendors
INNER JOIN Products ON Vendors.vend_id = Products.vend_id;
```

分析▼

此语句中的 SELECT 与前面的 SELECT 语句相同，但 FROM 子句不同。这里，两个表之间的关系是以 INNER JOIN 指定的部分 FROM 子句。在使用这种语法时，联结条件用特定的 ON 子句而不是 WHERE 子句给出。传递给 ON 的实际条件与传递给 WHERE 的相同。

至于选用哪种语法，请参阅具体的 DBMS 文档。

> **说明："正确的"语法**
> ANSI SQL 规范首选 INNER JOIN 语法，之前使用的是简单的等值语法。其实，SQL 语言纯正论者是用鄙视的眼光看待简单语法的。这就是说，DBMS 的确支持简单格式和标准格式，我建议你要理解这两种格式，具体使用就看你用哪个更顺手了。

12.2.3 联结多个表

SQL 不限制一条 SELECT 语句中可以联结的表的数目。创建联结的基本规则也相同。首先列出所有表，然后定义表之间的关系。例如：

输入▼

```
SELECT prod_name, vend_name, prod_price, quantity
FROM OrderItems, Products, Vendors
WHERE Products.vend_id = Vendors.vend_id
 AND OrderItems.prod_id = Products.prod_id
 AND order_num = 20007;
```

输出▼

```
prod_name             vend_name        prod_price   quantity
--------------------  ---------------  -----------  --------
18 inch teddy bear    Bears R Us       11.9900      50
Fish bean bag toy     Doll House Inc.  3.4900       100
Bird bean bag toy     Doll House Inc.  3.4900       100
Rabbit bean bag toy   Doll House Inc.  3.4900       100
Raggedy Ann           Doll House Inc.  4.9900       50
```

分析▼

这个例子显示订单 20007 中的物品。订单物品存储在 OrderItems 表中。每个产品按其产品 ID 存储，它引用 Products 表中的产品。这些产品通过供应商 ID 联结到 Vendors 表中相应的供应商，供应商 ID 存储在每个产品的记录中。这里的 FROM 子句列出三个表，WHERE 子句定义这两个联结条件，而第三个联结条件用来过滤出订单 20007 中的物品。

> **注意：性能考虑**
>
> DBMS 在运行时关联指定的每个表，以处理联结。这种处理可能非常耗费资源，因此应该注意，不要联结不必要的表。联结的表越多，性能下降越厉害。

> **注意：联结中表的最大数目**
>
> 虽然 SQL 本身不限制每个联结约束中表的数目，但实际上许多 DBMS 都有限制。请参阅具体的 DBMS 文档以了解其限制。

现在回顾一下第 11 课中的例子，如下的 SELECT 语句返回订购产品 RGAN01 的顾客列表：

输入▼

```
SELECT cust_name, cust_contact
FROM Customers
WHERE cust_id IN (SELECT cust_id
                  FROM Orders
                  WHERE order_num IN (SELECT order_num
                                      FROM OrderItems
                                      WHERE prod_id = 'RGAN01'));
```

如第 11 课所述，子查询并不总是执行复杂 SELECT 操作的最有效方法，下面是使用联结的相同查询：

输入▼

```
SELECT cust_name, cust_contact
FROM Customers, Orders, OrderItems
WHERE Customers.cust_id = Orders.cust_id
 AND OrderItems.order_num = Orders.order_num
 AND prod_id = 'RGAN01';
```

输出▼

```
cust_name                          cust_contact
-----------------------------      --------------------
Fun4All                            Denise L. Stephens
The Toy Store                      Kim Howard
```

分析▼

如第 11 课所述，这个查询中的返回数据需要使用 3 个表。但在这里，我们没有在嵌套子查询中使用它们，而是使用了两个联结来连接表。这里有三个 WHERE 子句条件。前两个关联联结中的表，后一个过滤产品 RGAN01 的数据。

> **提示：多做实验**
> 可以看到，执行任一给定的 SQL 操作一般不止一种方法。很少有绝对正确或绝对错误的方法。性能可能会受操作类型、所使用的 DBMS、表中数据量、是否存在索引或键等条件的影响。因此，有必要试验不同的选择机制，找出最适合具体情况的方法。

> **说明：联结的列名**
> 上述所有例子里，联结的几个列的名字都是一样的（例如 Customers 和 Orders 表里的列都叫 cust_id）。列名相同并不是必需的，而且你经常会遇到命名规范不同的数据库。我这样建表只是为了简单起见。

12.3　小结

联结是 SQL 中一个最重要、最强大的特性，有效地使用联结需要对关系数据库设计有基本的了解。本课在介绍联结时，讲述了一些关系数据库设计的基本知识，包括等值联结（也称为内联结）这种最常用的联结。下一课将介绍如何创建其他类型的联结。

12.4　挑战题

1. 编写 SQL 语句，返回 Customers 表中的顾客名称（cust_name）和 Orders 表中的相关订单号（order_num），并按顾客名称再按订单号对结果进行排序。实际上是尝试两次，一次使用简单的等联结语法，一次使用 INNER JOIN。

2. 我们来让上一题变得更有用些。除了返回顾客名称和订单号，添加第三列 OrderTotal，其中包含每个订单的总价。有两种方法可以执行此操作：使用 OrderItems 表的子查询来创建 OrderTotal 列，或者将 OrderItems 表与现有表联结并使用聚合函数。提示：请注意需要使用完全限定列名的地方。

3. 我们重新看一下第 11 课的挑战题 2。编写 SQL 语句，检索订购产品 BR01 的日期，这一次使用联结和简单的等联结语法。输出应该与第 11 课的输出相同。

4. 很有趣，我们再试一次。重新创建为第 11 课挑战题 3 编写的 SQL 语句，这次使用 ANSI 的 INNER JOIN 语法。在之前编写的代码中使用了两个嵌套的子查询。要重新创建它，需要两个 INNER JOIN 语句，每个语句的格式类似于本课讲到的 INNER JOIN 示例，而且不要忘记 WHERE 子句可以通过 prod_id 进行过滤。

5. 再让事情变得更加有趣些，我们将混合使用联结、聚合函数和分组。准备好了吗？回到第 10 课，当时的挑战是要求查找值等于或大于 1000 的所有订单号。这些结果很有用，但更有用的是订单数量至少达到这个数的顾客名称。因此，编写 SQL 语句，使用联结从 Customers 表返回顾客名称（cust_name），并从 OrderItems 表返回所有订单的总价。

   提示：要联结这些表，还需要包括 Orders 表（因为 Customers 表与 OrderItems 表不直接相关，Customers 表与 Orders 表相关，而 Orders 表与 OrderItems 表相关）。不要忘记 GROUP BY 和 HAVING，并按顾客名称对结果进行排序。你可以使用简单的等联结或 ANSI 的 INNER JOIN 语法。或者，如果你很勇敢，请尝试使用两种方式编写。

第 13 课　创建高级联结

本课讲解另外一些联结（包括它们的含义和使用方法），介绍如何使用表别名，如何对被联结的表使用聚集函数。

13.1　使用表别名

第 7 课介绍了如何使用别名引用被检索的表列。给列起别名的语法如下：

输入▼

```
SELECT RTRIM(vend_name) + ' (' + RTRIM(vend_country) + ')'
       AS vend_title
FROM Vendors
ORDER BY vend_name;
```

SQL 除了可以对列名和计算字段使用别名，还允许给表名起别名。这样做有两个主要理由：

- 缩短 SQL 语句；
- 允许在一条 SELECT 语句中多次使用相同的表。

请看下面的 SELECT 语句。它与前一课例子中所用的语句基本相同，但改成了使用别名：

输入▼

```
SELECT cust_name, cust_contact
FROM Customers AS C, Orders AS O, OrderItems AS OI
WHERE C.cust_id = O.cust_id
 AND OI.order_num = O.order_num
 AND prod_id = 'RGAN01';
```

分析▼

可以看到，FROM 子句中的三个表全都有别名。Customers AS C 使用 C 作为 Customers 的别名，如此等等。这样，就可以使用省略的 C 而不用全名 Customers。在这个例子中，表别名只用于 WHERE 子句。其实它不仅能用于 WHERE 子句，还可以用于 SELECT 的列表、ORDER BY 子句以及其他语句部分。

> **注意：Oracle 中没有 AS**
>
> Oracle 不支持 AS 关键字。要在 Oracle 中使用别名，可以不用 AS，简单地指定列名即可（因此，应该是 Customers C，而不是 Customers AS C）。

需要注意，表别名只在查询执行中使用。与列别名不一样，表别名不返回到客户端。

13.2 使用不同类型的联结

迄今为止，我们使用的只是内联结或等值联结的简单联结。现在来看三种其他联结：自联结（self-join）、自然联结（natural join）和外联结（outer join）。

13.2.1 自联结

如前所述，使用表别名的一个主要原因是能在一条 SELECT 语句中不止一次引用相同的表。下面举一个例子。

假如要给与 Jim Jones 同一公司的所有顾客发送一封信件。这个查询要求首先找出 Jim Jones 工作的公司，然后找出在该公司工作的顾客。下面是解决此问题的一种方法：

输入▼

```
SELECT cust_id, cust_name, cust_contact
FROM Customers
WHERE cust_name = (SELECT cust_name
                   FROM Customers
                   WHERE cust_contact = 'Jim Jones');
```

输出▼

```
cust_id       cust_name          cust_contact
--------      ---------------    ---------------
1000000003    Fun4All            Jim Jones
1000000004    Fun4All            Denise L. Stephens
```

分析▼

这是第一种解决方案，使用了子查询。内部的 SELECT 语句做了一个简单检索，返回 Jim Jones 工作公司的 cust_name。该名字用于外部查询的 WHERE 子句中，以检索出为该公司工作的所有雇员（第 11 课中讲授了子查询，更多信息请参阅该课）。

现在来看使用联结的相同查询：

输入▼

```
SELECT c1.cust_id, c1.cust_name, c1.cust_contact
FROM Customers AS c1, Customers AS c2
WHERE c1.cust_name = c2.cust_name
 AND c2.cust_contact = 'Jim Jones';
```

输出▼

```
cust_id      cust_name      cust_contact
-------      -----------    --------------
1000000003   Fun4All        Jim Jones
1000000004   Fun4All        Denise L. Stephens
```

> **提示：Oracle 中没有 AS**
>
> Oracle 用户应该记住去掉 AS。

分析▼

此查询中需要的两个表实际上是相同的表，因此 Customers 表在 FROM 子句中出现了两次。虽然这是完全合法的，但对 Customers 的引用具有歧义性，因为 DBMS 不知道你引用的是哪个 Customers 表。

解决此问题，需要使用表别名。Customers 第一次出现用了别名 c1，第二次出现用了别名 c2。现在可以将这些别名用作表名。例如，SELECT 语句使用 c1 前缀明确给出所需列的全名。如果不这样，DBMS 将返回错误，因为名为 cust_id、cust_name、cust_contact 的列各有两个。DBMS 不知道想要的是哪一列（即使它们其实是同一列）。WHERE 首先联结两个表，然后按第二个表中的 cust_contact 过滤数据，返回所需的数据。

> **提示：用自联结而不用子查询**
>
> 自联结通常作为外部语句，用来替代从相同表中检索数据的使用子查询语句。虽然最终的结果是相同的，但许多 DBMS 处理联结远比处理子查询快得多。应该试一下两种方法，以确定哪一种的性能更好。

13.2.2 自然联结

无论何时对表进行联结，应该至少有一列不止出现在一个表中（被联结的列）。标准的联结（前一课中介绍的内联结）返回所有数据，相同的列甚至多次出现。自然联结排除多次出现，使每一列只返回一次。

怎样完成这项工作呢？答案是，系统不完成这项工作，由你自己完成它。自然联结要求你只能选择那些唯一的列，一般通过对一个表使用通配符（SELECT *），而对其他表的列使用明确的子集来完成。下面举一个例子：

输入▼

```
SELECT C.*, O.order_num, O.order_date,
       OI.prod_id, OI.quantity, OI.item_price
FROM Customers AS C, Orders AS O,
     OrderItems AS OI
WHERE C.cust_id = O.cust_id
 AND OI.order_num = O.order_num
 AND prod_id = 'RGAN01';
```

> **提示：Oracle 中没有 AS**
>
> Oracle 用户应该记住去掉 AS。

分析▼

在这个例子中，通配符只对第一个表使用。所有其他列明确列出，所以没有重复的列被检索出来。

事实上，我们迄今为止建立的每个内联结都是自然联结，很可能永远都不会用到不是自然联结的内联结。

13.2.3 外联结

许多联结将一个表中的行与另一个表中的行相关联，但有时候需要包含没有关联行的那些行。例如，可能需要使用联结完成以下工作：

- 对每个顾客下的订单进行计数，包括那些至今尚未下订单的顾客；
- 列出所有产品以及订购数量，包括没有人订购的产品；
- 计算平均销售规模，包括那些至今尚未下订单的顾客。

在上述例子中，联结包含了那些在相关表中没有关联行的行。这种联结称为外联结。

> **注意：语法差别**
>
> 需要注意，用来创建外联结的语法在不同的 SQL 实现中可能稍有不同。下面段落中描述的各种语法形式覆盖了大多数实现，在继续学习之前请参阅你使用的 DBMS 文档，以确定其语法。

下面的 SELECT 语句给出了一个简单的内联结。它检索所有顾客及其订单：

输入▼

```
SELECT Customers.cust_id, Orders.order_num
FROM Customers
 INNER JOIN Orders ON Customers.cust_id = Orders.cust_id;
```

外联结语法类似。要检索包括没有订单顾客在内的所有顾客，可如下进行：

输入▼

```
SELECT Customers.cust_id, Orders.order_num
FROM Customers
 LEFT OUTER JOIN Orders ON Customers.cust_id = Orders.cust_id;
```

输出▼

```
cust_id         order_num
----------      ---------
1000000001      20005
1000000001      20009
```

```
1000000002      NULL
1000000003      20006
1000000004      20007
1000000005      20008
```

分析▼

类似上一课提到的内联结，这条 SELECT 语句使用了关键字 OUTER JOIN 来指定联结类型（而不是在 WHERE 子句中指定）。但是，与内联结关联两个表中的行不同的是，外联结还包括没有关联行的行。在使用 OUTER JOIN 语法时，必须使用 RIGHT 或 LEFT 关键字指定包括其所有行的表（RIGHT 指出的是 OUTER JOIN 右边的表，而 LEFT 指出的是 OUTER JOIN 左边的表）。上面的例子使用 LEFT OUTER JOIN 从 FROM 子句左边的表（Customers 表）中选择所有行。为了从右边的表中选择所有行，需要使用 RIGHT OUTER JOIN，如下例所示：

输入▼

```
SELECT Customers.cust_id, Orders.order_num
FROM Customers
 RIGHT OUTER JOIN Orders ON Customers.cust_id = Orders.cust_id;
```

> **注意：SQLite 外联结**
>
> SQLite 支持 LEFT OUTER JOIN，但不支持 RIGHT OUTER JOIN。幸好，如果你确实需要在 SQLite 中使用 RIGHT OUTER JOIN，有一种更简单的办法，这将在下面的提示中介绍。

> **提示：外联结的类型**
>
> 要记住，总是有两种基本的外联结形式：左外联结和右外联结。它们之间的唯一差别是所关联的表的顺序。换句话说，调整 FROM 或 WHERE 子句中表的顺序，左外联结可以转换为右外联结。因此，这两种外联结可以互换使用，哪个方便就用哪个。

还存在另一种外联结，就是全外联结（full outer join），它检索两个表中的所有行并关联那些可以关联的行。与左外联结或右外联结包含一个表的不关联的行不同，全外联结包含两个表的不关联的行。全外联结的语法如下：

输入▼

```
SELECT Customers.cust_id, Orders.order_num
FROM Customers
 FULL OUTER JOIN Orders ON Customers.cust_id = Orders.cust_id;
```

> **注意：FULL OUTER JOIN 的支持**
> MariaDB、MySQL 和 SQLite 不支持 FULL OUTER JOIN 语法。

13.3 使用带聚集函数的联结

如第 9 课所述，聚集函数用来汇总数据。虽然至今为止我们举的聚集函数的例子都只是从一个表中汇总数据，但这些函数也可以与联结一起使用。

我们来看个例子，要检索所有顾客及每个顾客所下的订单数，下面的代码使用 COUNT() 函数完成此工作：

输入▼

```
SELECT Customers.cust_id,
       COUNT(Orders.order_num) AS num_ord
FROM Customers
 INNER JOIN Orders ON Customers.cust_id = Orders.cust_id
GROUP BY Customers.cust_id;
```

输出▼

```
cust_id         num_ord
----------      --------
1000000001      2
1000000003      1
1000000004      1
1000000005      1
```

分析▼

这条 SELECT 语句使用 INNER JOIN 将 Customers 和 Orders 表互相关联。GROUP BY 子句按顾客分组数据，因此，函数调用 COUNT(Orders.order_num) 对每个顾客的订单计数，将它作为 num_ord 返回。

聚集函数也可以方便地与其他联结一起使用。请看下面的例子：

输入▼

```
SELECT Customers.cust_id,
       COUNT(Orders.order_num) AS num_ord
FROM Customers
 LEFT OUTER JOIN Orders ON Customers.cust_id = Orders.cust_id
GROUP BY Customers.cust_id;
```

输出▼

```
cust_id         num_ord
----------      -------
1000000001      2
1000000002      0
1000000003      1
1000000004      1
1000000005      1
```

分析▼

这个例子使用左外部联结来包含所有顾客，甚至包含那些没有任何订单的顾客。结果中也包含了顾客 1000000002，他有 0 个订单，这和使用 INNER JOIN 时不同。

13.4 使用联结和联结条件

在总结讨论联结的这两课前，有必要汇总一下联结及其使用的要点。

- 注意所使用的联结类型。一般我们使用内联结，但使用外联结也有效。
- 关于确切的联结语法，应该查看具体的文档，看相应的 DBMS 支持何种语法（大多数 DBMS 使用这两课中描述的某种语法）。
- 保证使用正确的联结条件（不管采用哪种语法），否则会返回不正确的数据。
- 应该总是提供联结条件，否则会得出笛卡儿积。
- 在一个联结中可以包含多个表，甚至可以对每个联结采用不同的联结类型。虽然这样做是合法的，一般也很有用，但应该在一起测试它们前分别测试每个联结。这会使故障排除更为简单。

13.5 小结

本课是上一课的延续，首先讲授了如何以及为什么使用别名，然后讨论不同的联结类型以及每类联结所使用的语法。我们还介绍了如何与联结一起使用聚集函数，以及在使用联结时应该注意的问题。

13.6 挑战题

1. 使用 INNER JOIN 编写 SQL 语句，以检索每个顾客的名称（Customers 表中的 cust_name）和所有的订单号（Orders 表中的 order_num）。

2. 修改刚刚创建的 SQL 语句，仅列出所有顾客，即使他们没有下过订单。

3. 使用 OUTER JOIN 联结 Products 表和 OrderItems 表，返回产品名称（prod_name）和与之相关的订单号（order_num）的列表，并按商品名称排序。

4. 修改上一题中创建的 SQL 语句，使其返回每一项产品的总订单数（不是订单号）。

5. 编写 SQL 语句，列出供应商（Vendors 表中的 vend_id）及其可供产品的数量，包括没有产品的供应商。你需要使用 OUTER JOIN 和 COUNT() 聚合函数来计算 Products 表中每种产品的数量。注意：vend_id 列会显示在多个表中，因此在每次引用它时都需要完全限定它。

第 14 课　组合查询

本课讲述如何利用 UNION 操作符将多条 SELECT 语句组合成一个结果集。

14.1　组合查询

多数 SQL 查询只包含从一个或多个表中返回数据的单条 SELECT 语句。但是，SQL 也允许执行多个查询（多条 SELECT 语句），并将结果作为一个查询结果集返回。这些组合查询通常称为并（union）或复合查询（compound query）。

主要有两种情况需要使用组合查询：

- 在一个查询中从不同的表返回结构数据；
- 对一个表执行多个查询，按一个查询返回数据。

> **提示：组合查询和多个 WHERE 条件**
>
> 多数情况下，组合相同表的两个查询所完成的工作与具有多个 WHERE 子句条件的一个查询所完成的工作相同。换句话说，任何具有多个 WHERE 子句的 SELECT 语句都可以作为一个组合查询，在下面可以看到这一点。

14.2　创建组合查询

可用 UNION 操作符来组合数条 SQL 查询。利用 UNION，可给出多条 SELECT 语句，将它们的结果组合成一个结果集。

14.2.1　使用 UNION

使用 UNION 很简单，所要做的只是给出每条 SELECT 语句，在各条语句之间放上关键字 UNION。

举个例子，假如需要 Illinois、Indiana 和 Michigan 等美国几个州的所有顾客的报表，还想包括不管位于哪个州的所有的 Fun4All。当然可以利用 WHERE 子句来完成此工作，不过这次我们使用 UNION。

如上所述，创建 UNION 涉及编写多条 SELECT 语句。首先来看单条语句：

输入▼

```
SELECT cust_name, cust_contact, cust_email
FROM Customers
WHERE cust_state IN ('IL','IN','MI');
```

输出▼

```
cust_name          cust_contact       cust_email
-----------        -------------      ------------
Village Toys       John Smith         sales@villagetoys.com
Fun4All            Jim Jones          jjones@fun4all.com
The Toy Store      Kim Howard         NULL
```

输入▼

```
SELECT cust_name, cust_contact, cust_email
FROM Customers
WHERE cust_name = 'Fun4All';
```

输出▼

```
cust_name          cust_contact           cust_email
-----------        -------------          ------------
Fun4All            Jim Jones              jjones@fun4all.com
Fun4All            Denise L. Stephens     dstephens@fun4all.com
```

分析▼

第一条 SELECT 把 Illinois、Indiana、Michigan 等州的缩写传递给 IN 子句，检索出这些州的所有行。第二条 SELECT 利用简单的相等测试找出所有 Fun4All。你会发现有一条记录出现在两次结果里，因为它满足两次的条件。

组合这两条语句，可以如下进行：

输入▼

```
SELECT cust_name, cust_contact, cust_email
FROM Customers
WHERE cust_state IN ('IL','IN','MI')
UNION
SELECT cust_name, cust_contact, cust_email
FROM Customers
WHERE cust_name = 'Fun4All';
```

输出▼

```
cust_name          cust_contact           cust_email
-----------        -----------            ----------------
Fun4All            Denise L. Stephens     dstephens@fun4all.com
Fun4All            Jim Jones              jjones@fun4all.com
Village Toys       John Smith             sales@villagetoys.com
The Toy Store      Kim Howard             NULL
```

分析▼

这条语句由前面的两条 SELECT 语句组成，之间用 UNION 关键字分隔。

UNION 指示 DBMS 执行这两条 SELECT 语句，并把输出组合成一个查询结果集。

为了便于参考,这里给出使用多条 WHERE 子句而不是 UNION 的相同查询:

输入▼

```
SELECT cust_name, cust_contact, cust_email
FROM Customers
WHERE cust_state IN ('IL','IN','MI') OR cust_name = 'Fun4All';
```

在这个简单的例子中，使用 UNION 可能比使用 WHERE 子句更为复杂。但对于较复杂的过滤条件，或者从多个表（而不是一个表）中检索数据的情形，使用 UNION 可能会使处理更简单。

提示：UNION 的限制

使用 UNION 组合 SELECT 语句的数目，SQL 没有标准限制。但是，最好是参考一下具体的 DBMS 文档，了解它是否对 UNION 能组合的最大语句数目有限制。

注意：性能问题

多数好的 DBMS 使用内部查询优化程序，在处理各条 SELECT 语句前组合它们。理论上讲，这意味着从性能上看使用多条 WHERE 子句条件还是 UNION 应该没有实际的差别。不过我说的是理论上，实践中多数查询优化程序并不能达到理想状态，所以最好测试一下这两种方法，看哪种工作得更好。

14.2.2　UNION 规则

可以看到，UNION 非常容易使用，但在进行组合时需要注意几条规则。

- UNION 必须由两条或两条以上的 SELECT 语句组成，语句之间用关键字 UNION 分隔（因此，如果组合四条 SELECT 语句，将要使用三个 UNION 关键字）。
- UNION 中的每个查询必须包含相同的列、表达式或聚集函数（不过，各个列不需要以相同的次序列出）。
- 列数据类型必须兼容：类型不必完全相同，但必须是 DBMS 可以隐含转换的类型（例如，不同的数值类型或不同的日期类型）。

> **说明：UNION 的列名**
>
> 如果结合 UNION 使用的 SELECT 语句遇到不同的列名，那么会返回什么名字呢？比如说，如果一条语句是 SELECT prod_name，而另一条语句是 SELECT productname，那么查询结果返回的是什么名字呢？
>
> 答案是它会返回第一个名字，举的这个例子就会返回 prod_name，而不管第二个不同的名字。这也意味着你可以对第一个名字使用别名，因而返回一个你想要的名字。
>
> 这种行为带来一个有意思的副作用。由于只使用第一个名字，那么想要排序也只能用这个名字。拿我们的例子来说，可以用 ORDER BY prod_name 对结果排序，如果写成 ORDER BY productname 就会出错，因为查询结果里没有叫作 productname 的列。

如果遵守了这些基本规则或限制，则可以将 UNION 用于任何数据检索操作。

14.2.3 包含或取消重复的行

回到 14.2.1 节，我们看看所用的 SELECT 语句。注意到在分别执行语句时，第一条 SELECT 语句返回 3 行，第二条 SELECT 语句返回 2 行。而在用 UNION 组合两条 SELECT 语句后，只返回 4 行而不是 5 行。

UNION 从查询结果集中自动去除了重复的行；换句话说，它的行为与一条 SELECT 语句中使用多个 WHERE 子句条件一样。因为 Indiana 州有一个 Fun4All 单位，所以两条 SELECT 语句都返回该行。使用 UNION 时，重复的行会被自动取消。

这是 UNION 的默认行为，如果愿意也可以改变它。事实上，如果想返回所有的匹配行，可使用 UNION ALL 而不是 UNION。

请看下面的例子：

输入▼

```
SELECT cust_name, cust_contact, cust_email
FROM Customers
WHERE cust_state IN ('IL','IN','MI')
UNION ALL
SELECT cust_name, cust_contact, cust_email
FROM Customers
WHERE cust_name = 'Fun4All';
```

输出▼

```
cust_name       cust_contact         cust_email
-----------     -------------        ------------
Village Toys    John Smith           sales@villagetoys.com
Fun4All         Jim Jones            jjones@fun4all.com
The Toy Store   Kim Howard           NULL
Fun4All         Jim Jones            jjones@fun4all.com
Fun4All         Denise L. Stephens   dstephens@fun4all.com
```

分析▼

使用 UNION ALL，DBMS 不取消重复的行。因此，这里返回 5 行，其中有一行出现两次。

> **提示：UNION 与 WHERE**
>
> 这一课一开始我们说过，UNION 几乎总是完成与多个 WHERE 条件相同的工作。UNION ALL 为 UNION 的一种形式，它完成 WHERE 子句完成不了的工作。如果确实需要每个条件的匹配行全部出现（包括重复行），就必须使用 UNION ALL，而不是 WHERE。

14.2.4 对组合查询结果排序

SELECT 语句的输出用 ORDER BY 子句排序。在用 UNION 组合查询时，只能使用一条 ORDER BY 子句，它必须位于最后一条 SELECT 语句之后。对于结果集，不存在用一种方式排序一部分，而又用另一种方式排序另一部分的情况，因此不允许使用多条 ORDER BY 子句。

下面的例子对前面 UNION 返回的结果进行排序：

输入▼

```
SELECT cust_name, cust_contact, cust_email
FROM Customers
WHERE cust_state IN ('IL','IN','MI')
UNION
SELECT cust_name, cust_contact, cust_email
FROM Customers
WHERE cust_name = 'Fun4All'
ORDER BY cust_name, cust_contact;
```

输出▼

```
cust_name          cust_contact            cust_email
-----------        -------------           -------------
Fun4All            Denise L. Stephens      dstephens@fun4all.com
Fun4All            Jim Jones               jjones@fun4all.com
The Toy Store      Kim Howard              NULL
Village Toys       John Smith              sales@villagetoys.com
```

分析▼

这条UNION在最后一条SELECT语句后使用了ORDER BY子句。虽然ORDER BY 子句似乎只是最后一条 SELECT 语句的组成部分，但实际上 DBMS 将用它来排序所有 SELECT 语句返回的所有结果。

> **说明：其他类型的 UNION**
>
> 某些 DBMS 还支持另外两种 UNION：EXCEPT（有时称为 MINUS）可用来检索只在第一个表中存在而在第二个表中不存在的行；而 INTERSECT 可用来检索两个表中都存在的行。实际上，这些 UNION 很少使用，因为相同的结果可利用联结得到。

> **提示：操作多个表**
>
> 为了简单，本课中的例子都是使用 UNION 来组合针对同一表的多个查询。实际上，UNION 在需要组合多个表的数据时也很有用，即使是有不匹配列名的表，在这种情况下，可以将 UNION 与别名组合，检索一个结果集。

14.3　小结

这一课讲授如何用 UNION 操作符来组合 SELECT 语句。利用 UNION，可以把多条查询的结果作为一条组合查询返回，不管结果中有无重复。使用 UNION 可极大地简化复杂的 WHERE 子句，简化从多个表中检索数据的工作。

14.4 挑战题

1. 编写 SQL 语句，将两个 SELECT 语句结合起来，以便从 OrderItems 表中检索产品 ID（prod_id）和 quantity。其中，一个 SELECT 语句过滤数量为 100 的行，另一个 SELECT 语句过滤 ID 以 BNBG 开头的产品。按产品 ID 对结果进行排序。

2. 重写刚刚创建的 SQL 语句，仅使用单个 SELECT 语句。

3. 我知道这有点荒谬，但这节课中的一个注释提到过。编写 SQL 语句，组合 Products 表中的产品名称（prod_name）和 Customers 表中的顾客名称（cust_name）并返回，然后按产品名称对结果进行排序。

4. 下面的 SQL 语句有问题吗？（尝试在不运行的情况下指出。）

```
SELECT cust_name, cust_contact, cust_email
FROM Customers
WHERE cust_state = 'MI'
ORDER BY cust_name;
UNION
SELECT cust_name, cust_contact, cust_email
FROM Customers
WHERE cust_state = 'IL'ORDER BY cust_name;
```

第 15 课　插入数据

这一课介绍如何利用 SQL 的 INSERT 语句将数据插入表中。

15.1　数据插入

毫无疑问，SELECT 是最常用的 SQL 语句了，这就是前 14 课都在讲它的原因。但是，还有其他 3 个常用的 SQL 语句需要学习。第一个就是 INSERT（下一课介绍另外两个）。

顾名思义，INSERT 用来将行插入（或添加）到数据库表。插入有几种方式：

- 插入完整的行；
- 插入行的一部分；
- 插入某些查询的结果。

下面逐一介绍这些内容。

> **提示：插入及系统安全**
> 使用 INSERT 语句可能需要客户端/服务器 DBMS 中的特定安全权限。在你试图使用 INSERT 前，应该保证自己有足够的安全权限。

15.1.1 插入完整的行

把数据插入表中的最简单方法是使用基本的 INSERT 语法，它要求指定表名和插入到新行中的值。下面举一个例子：

输入▼

```
INSERT INTO Customers
VALUES(1000000006,
       'Toy Land',
       '123 Any Street',
       'New York',
       'NY',
       '11111',
       'USA',
       NULL,
       NULL);
```

分析▼

这个例子将一个新顾客插入到 Customers 表中。存储到表中每一列的数据在 VALUES 子句中给出，必须给每一列提供一个值。如果某列没有值，如上面的 cust_contact 和 cust_email 列，则应该使用 NULL 值（假定表允许对该列指定空值）。各列必须以它们在表定义中出现的次序填充。

> **提示：INTO 关键字**
>
> 在某些 SQL 实现中，跟在 INSERT 之后的 INTO 关键字是可选的。但是，即使不一定需要，最好还是提供这个关键字，这样做将保证 SQL 代码在 DBMS 之间可移植。

虽然这种语法很简单，但并不安全，应该尽量避免使用。上面的 SQL 语句高度依赖于表中列的定义次序，还依赖于其容易获得的次序信息。即使可以得到这种次序信息，也不能保证各列在下一次表结构变动后保持完全相同的次序。因此，编写依赖于特定列次序的 SQL 语句是很不安全的，这样做迟早会出问题。

编写 INSERT 语句的更安全（不过更烦琐）的方法如下：

输入▼

```
INSERT INTO Customers(cust_id,
                      cust_name,
                      cust_address,
                      cust_city,
                      cust_state,
                      cust_zip,
                      cust_country,
                      cust_contact,
                      cust_email)
VALUES(1000000006,
       'Toy Land',
       '123 Any Street',
       'New York',
       'NY',
       '11111',
       'USA',
       NULL,
       NULL);
```

分析▼

这个例子与前一个 INSERT 语句的工作完全相同，但在表名后的括号里明确给出了列名。在插入行时，DBMS 将用 VALUES 列表中的相应值填入列表中的对应项。VALUES 中的第一个值对应于第一个指定列名，第二个值对应于第二个列名，如此等等。

因为提供了列名，VALUES 必须以其指定的次序匹配指定的列名，不一定按各列出现在表中的实际次序。其优点是，即使表的结构改变，这条 INSERT 语句仍然能正确工作。

说明：不能插入同一条记录两次

如果你尝试了这个例子的两种方法，会发现第二次生成了一条出错消息，说 ID 为 1000000006 的顾客已经存在。在第一课我们说过，主键的值必须有唯一性，而 cust_id 是主键，DBMS 不允许插入相同 cust_id 值的新行。下一个例子也是同样的道理。要想再尝试另一种插入方法，需要首先删除掉已经插入的记录（下一课会讲）。要么就别尝试新方法了，反正记录已经插入好，你可以继续往下学习。

下面的 INSERT 语句填充所有列（与前面的一样），但以一种不同的次序填充。因为给出了列名，所以插入结果仍然正确：

输入▼

```
INSERT INTO Customers(cust_id,
                      cust_contact,
                      cust_email,
                      cust_name,
                      cust_address,
                      cust_city,
                      cust_state,
                      cust_zip)
VALUES(1000000006,
       NULL,
       NULL,
       'Toy Land',
       '123 Any Street',
       'New York',
       'NY',
       '11111');
```

提示：总是使用列的列表

不要使用没有明确给出列的 INSERT 语句。给出列能使 SQL 代码继续发挥作用，即使表结构发生了变化。

注意：小心使用 VALUES

不管使用哪种 INSERT 语法，VALUES 的数目都必须正确。如果不提供列名，则必须给每个表列提供一个值；如果提供列名，则必须给列出的每个列一个值。否则，就会产生一条错误消息，相应的行不能成功插入。

15.1.2　插入部分行

正如所述，使用 INSERT 的推荐方法是明确给出表的列名。使用这种语法，还可以省略列，这表示可以只给某些列提供值，给其他列不提供值。

请看下面的例子：

输入▼

```
INSERT INTO Customers(cust_id,
                      cust_name,
                      cust_address,
                      cust_city,
                      cust_state,
                      cust_zip,
                      cust_country)
VALUES(1000000006,
       'Toy Land',
       '123 Any Street',
       'New York',
       'NY',
       '11111',
       'USA');
```

分析▼

在本课前面的例子中，没有给 cust_contact 和 cust_email 这两列提供值。这表示没必要在 INSERT 语句中包含它们。因此，这里的 INSERT 语句省略了这两列及其对应的值。

> **注意：省略列**
>
> 如果表的定义允许，则可以在 INSERT 操作中省略某些列。省略的列必须满足以下某个条件。
>
> - 该列定义为允许 NULL 值（无值或空值）。
> - 在表定义中给出默认值。这表示如果不给出值，将使用默认值。

> **注意：省略所需的值**
>
> 如果表中不允许有 NULL 值或者默认值，这时却省略了表中的值，DBMS 就会产生错误消息，相应的行不能成功插入。

15.1.3 插入检索出的数据

INSERT 一般用来给表插入具有指定列值的行。INSERT 还存在另一种形式，可以利用它将 SELECT 语句的结果插入表中，这就是所谓的 INSERT SELECT。顾名思义，它是由一条 INSERT 语句和一条 SELECT 语句组成的。

假如想把另一表中的顾客列合并到 Customers 表中，不需要每次读取一行再将它用 INSERT 插入，可以如下进行：

输入▼

```
INSERT INTO Customers(cust_id,
                      cust_contact,
                      cust_email,
                      cust_name,
                      cust_address,
                      cust_city,
                      cust_state,
                      cust_zip,
                      cust_country)
SELECT cust_id,
       cust_contact,
       cust_email,
```

```
        cust_name,
        cust_address,
        cust_city,
        cust_state,
        cust_zip,
        cust_country
FROM CustNew;
```

说明：新例子的说明

这个例子从一个名为 CustNew 的表中读出数据并插入到 Customers 表。为了试验这个例子，应该首先创建和填充 CustNew 表。CustNew 表的结构与附录 A 中描述的 Customers 表相同。在填充 CustNew 时，不应该使用已经在 Customers 中用过的 cust_id 值（如果主键值重复，后续的 INSERT 操作将会失败）。

分析▼

这个例子使用 INSERT SELECT 从 CustNew 中将所有数据导入 Customers。SELECT 语句从 CustNew 检索出要插入的值，而不是列出它们。SELECT 中列出的每一列对应于 Customers 表名后所跟的每一列。这条语句将插入多少行呢？这依赖于 CustNew 表有多少行。如果这个表为空，则没有行被插入（也不产生错误，因为操作仍然是合法的）。如果这个表确实有数据，则所有数据将被插入到 Customers。

提示：INSERT SELECT 中的列名

为简单起见，这个例子在 INSERT 和 SELECT 语句中使用了相同的列名。但是，不一定要求列名匹配。事实上，DBMS 一点儿也不关心 SELECT 返回的列名。它使用的是列的位置，因此 SELECT 中的第一列（不管其列名）将用来填充表列中指定的第一列，第二列将用来填充表列中指定的第二列，如此等等。

INSERT SELECT 中 SELECT 语句可以包含 WHERE 子句，以过滤插入的数据。

> **提示：插入多行**
>
> INSERT 通常只插入一行。要插入多行，必须执行多个 INSERT 语句。INSERT SELECT 是个例外，它可以用一条 INSERT 插入多行，不管 SELECT 语句返回多少行，都将被 INSERT 插入。

15.2 从一个表复制到另一个表

有一种数据插入不使用 INSERT 语句。要将一个表的内容复制到一个全新的表（运行中创建的表），可以使用 CREATE SELECT 语句（或者在 SQL Server 里也可用 SELECT INTO 语句）。

> **说明：DB2 不支持**
>
> DB2 不支持这里描述的 CREATE SELECT。

与 INSERT SELECT 将数据添加到一个已经存在的表不同，CREATE SELECT 将数据复制到一个新表（有的 DBMS 可以覆盖已经存在的表，这依赖于所使用的具体 DBMS）。

下面的例子说明如何使用 CREATE SELECT：

输入▼

```
CREATE TABLE CustCopy AS SELECT * FROM Customers;
```

若是使用 SQL Server，可以这么写：

输入▼

```
SELECT * INTO CustCopy FROM Customers;
```

分析▼

这条 SELECT 语句创建一个名为 CustCopy 的新表，并把 Customers 表的整个内容复制到新表中。因为这里使用的是 SELECT *，所以将在 CustCopy 表中创建（并填充）与 Customers 表的每一列相同的列。要想只复制部分的列，可以明确给出列名，而不是使用*通配符。

在使用 SELECT INTO 时，需要知道一些事情：

- 任何 SELECT 选项和子句都可以使用，包括 WHERE 和 GROUP BY；
- 可利用联结从多个表插入数据；
- 不管从多少个表中检索数据，数据都只能插入到一个表中。

> **提示：进行表的复制**
> SELECT INTO 是试验新 SQL 语句前进行表复制的很好工具。先进行复制，可在复制的数据上测试 SQL 代码，而不会影响实际的数据。

> **说明：更多例子**
> 如果想看 INSERT 用法的更多例子，请参阅附录 A 中给出的样例表填充脚本。

15.3　小结

这一课介绍如何将行插入到数据库表中。我们学习了使用 INSERT 的几种方法，为什么要明确使用列名，如何用 INSERT SELECT 从其他表中导入行，如何用 SELECT INTO 将行导出到一个新表。下一课将讲述如何使用 UPDATE 和 DELETE 进一步操作表数据。

15.4　挑战题

1. 使用 INSERT 和指定的列，将你自己添加到 Customers 表中。明确列出要添加哪几列，且仅需列出你需要的列。

2. 备份 Orders 表和 OrderItems 表。

第 16 课　更新和删除数据

这一课介绍如何利用 UPDATE 和 DELETE 语句进一步操作表数据。

16.1　更新数据

更新（修改）表中的数据，可以使用 UPDATE 语句。有两种使用 UPDATE 的方式：

- 更新表中的特定行；
- 更新表中的所有行。

下面分别介绍。

> **注意：不要省略 WHERE 子句**
> 在使用 UPDATE 时一定要细心。因为稍不注意，就会更新表中的所有行。使用这条语句前，请完整地阅读本节。

> **提示：UPDATE 与安全**
> 在客户端/服务器的 DBMS 中，使用 UPDATE 语句可能需要特殊的安全权限。在你使用 UPDATE 前，应该保证自己有足够的安全权限。

使用 UPDATE 语句非常容易，甚至可以说太容易了。基本的 UPDATE 语句由三部分组成，分别是：

- 要更新的表；
- 列名和它们的新值；
- 确定要更新哪些行的过滤条件。

举一个简单例子。客户 1000000005 现在有了电子邮件地址，因此他的记录需要更新，语句如下：

输入▼

```
UPDATE Customers
SET cust_email = 'kim@thetoystore.com'
WHERE cust_id = 1000000005;
```

UPDATE 语句总是以要更新的表名开始。在这个例子中，要更新的表名为 Customers。SET 命令用来将新值赋给被更新的列。在这里，SET 子句设置 cust_email 列为指定的值：

```
SET cust_email = 'kim@thetoystore.com'
```

UPDATE 语句以 WHERE 子句结束，它告诉 DBMS 更新哪一行。没有 WHERE 子句，DBMS 将会用这个电子邮件地址更新 Customers 表中的所有行，这不是我们希望的。

更新多个列的语法稍有不同：

输入▼

```
UPDATE Customers
SET cust_contact = 'Sam Roberts',
    cust_email = 'sam@toyland.com'
WHERE cust_id = 1000000006;
```

在更新多个列时，只需要使用一条 SET 命令，每个“列=值”对之间用逗号分隔（最后一列之后不用逗号）。在此例子中，更新顾客 1000000006 的 cust_contact 和 cust_email 列。

> **提示：在 UPDATE 语句中使用子查询**
> UPDATE 语句中可以使用子查询，使得能用 SELECT 语句检索出的数据更新列数据。关于子查询及使用的更多内容，请参阅第 11 课。

> **提示：FROM 关键字**
> 有的 SQL 实现支持在 UPDATE 语句中使用 FROM 子句，用一个表的数据更新另一个表的行。如想知道你的 DBMS 是否支持这个特性，请参阅它的文档。

要删除某个列的值，可设置它为 NULL（假如表定义允许 NULL 值）。如下进行：

输入▼

```
UPDATE Customers
SET cust_email = NULL
WHERE cust_id = 1000000005;
```

其中 NULL 用来去除 cust_email 列中的值。这与保存空字符串很不同（空字符串用''表示，是一个值），而 NULL 表示没有值。

16.2　删除数据

从一个表中删除（去掉）数据，使用 DELETE 语句。有两种使用 DELETE 的方式：

- 从表中删除特定的行；

- 从表中删除所有行。

下面分别介绍。

> **注意：不要省略 WHERE 子句**
> 在使用 DELETE 时一定要细心。因为稍不注意，就会错误地删除表中所有行。在使用这条语句前，请完整地阅读本节。

> **提示：DELETE 与安全**
> 在客户端/服务器的 DBMS 中，使用 DELETE 语句可能需要特殊的安全权限。在你使用 DELETE 前，应该保证自己有足够的安全权限。

前面说过，UPDATE 非常容易使用，而 DELETE 更容易使用。

下面的语句从 Customers 表中删除一行：

输入▼

```
DELETE FROM Customers
WHERE cust_id = 1000000006;
```

这条语句很容易理解。DELETE FROM 要求指定从中删除数据的表名，WHERE 子句过滤要删除的行。在这个例子中，只删除顾客 1000000006。如果省略 WHERE 子句，它将删除表中每个顾客。

> **提示：友好的外键**
> 第 12 课介绍了联结，简单联结两个表只需要这两个表中的公用字段。也可以让 DBMS 通过使用外键来严格实施关系（这些定义在附录 A 中）。存在外键时，DBMS 使用它们实施引用完整性。例如要向 Products 表中插入一个新产品，DBMS 不允许通过未知的供应商 id

插入它，因为 vend_id 列是作为外键连接到 Vendors 表的。那么，这与 DELETE 有什么关系呢？使用外键确保引用完整性的一个好处是，DBMS 通常可以防止删除某个关系需要用到的行。例如，要从 Products 表中删除一个产品，而这个产品用在 OrderItems 的已有订单中，那么 DELETE 语句将抛出错误并中止。这是总要定义外键的另一个理由。

提示：FROM 关键字

在某些 SQL 实现中，跟在 DELETE 后的关键字 FROM 是可选的。但是即使不需要，也最好提供这个关键字。这样做将保证 SQL 代码在 DBMS 之间可移植。

DELETE 不需要列名或通配符。DELETE 删除整行而不是删除列。要删除指定的列，请使用 UPDATE 语句。

说明：删除表的内容而不是表

DELETE 语句从表中删除行，甚至是删除表中所有行。但是，DELETE 不删除表本身。

提示：更快的删除

如果想从表中删除所有行，不要使用 DELETE。可使用 TRUNCATE TABLE 语句，它完成相同的工作，而速度更快（因为不记录数据的变动）。

16.3　更新和删除的指导原则

前两节使用的 UPDATE 和 DELETE 语句都有 WHERE 子句，这样做的理由很充分。如果省略了 WHERE 子句，则 UPDATE 或 DELETE 将被应用到表中所有的行。换句话说，如果执行 UPDATE 而不带 WHERE 子句，则表中每一行都将用新值更新。类似地，如果执行 DELETE 语句而不带 WHERE 子句，表的所有数据都将被删除。

下面是许多 SQL 程序员使用 UPDATE 或 DELETE 时所遵循的重要原则。

- 除非确实打算更新和删除每一行，否则绝对不要使用不带 WHERE 子句的 UPDATE 或 DELETE 语句。
- 保证每个表都有主键（如果忘记这个内容，请参阅第 12 课），尽可能像 WHERE 子句那样使用它（可以指定各主键、多个值或值的范围）。
- 在 UPDATE 或 DELETE 语句使用 WHERE 子句前，应该先用 SELECT 进行测试，保证它过滤的是正确的记录，以防编写的 WHERE 子句不正确。
- 使用强制实施引用完整性的数据库（关于这个内容，请参阅第 12 课），这样 DBMS 将不允许删除其数据与其他表相关联的行。
- 有的 DBMS 允许数据库管理员施加约束，防止执行不带 WHERE 子句的 UPDATE 或 DELETE 语句。如果所采用的 DBMS 支持这个特性，应该使用它。

若是 SQL 没有撤销（undo）按钮，应该非常小心地使用 UPDATE 和 DELETE，否则你会发现自己更新或删除了错误的数据。

16.4 小结

这一课讲述了如何使用 UPDATE 和 DELETE 语句处理表中的数据。我们学习了这些语句的语法，知道了它们可能存在的危险，了解了为什么 WHERE 子句对 UPDATE 和 DELETE 语句很重要，还学习了为保证数据安全而应该遵循的一些指导原则。

16.5 挑战题

1. 美国各州的缩写应始终用大写。编写 SQL 语句来更新所有美国地址，包括供应商状态（Vendors 表中的 vend_state）和顾客状态（Customers 表中的 cust_state），使它们均为大写。

2. 第 15 课的挑战题 1 要求你将自己添加到 Customers 表中。现在请删除自己。确保使用 WHERE 子句（在 DELETE 中使用它之前，先用 SELECT 对其进行测试），否则你会删除所有顾客！

第 17 课　创建和操纵表

这一课讲授创建、更改和删除表的基本知识。

17.1　创建表

SQL 不仅用于表数据操纵，而且还用来执行数据库和表的所有操作，包括表本身的创建和处理。

一般有两种创建表的方法：

- 多数 DBMS 都具有交互式创建和管理数据库表的工具；
- 表也可以直接用 SQL 语句操纵。

用程序创建表，可以使用 SQL 的 CREATE TABLE 语句。需要注意的是，使用交互式工具时实际上就是使用 SQL 语句。这些语句不是用户编写的，界面工具会自动生成并执行相应的 SQL 语句（更改已有的表时也是这样）。

> **注意：语法差别**
> 在不同的 SQL 实现中，CREATE TABLE 语句的语法可能有所不同。对于具体的 DBMS 支持何种语法，请参阅相应的文档。

这一课不会介绍创建表时可以使用的所有选项，那超出了本课的范围，我只给出一些基本选项。详细的信息说明，请参阅具体的 DBMS 文档。

说明：各种 DBMS 创建表的具体例子

关于不同 DBMS 的 CREATE TABLE 语句的具体例子，请参阅附录 A 中给出的样例表创建脚本。

17.1.1　表创建基础

利用 CREATE TABLE 创建表，必须给出下列信息：

- 新表的名字，在关键字 CREATE TABLE 之后给出；
- 表列的名字和定义，用逗号分隔；
- 有的 DBMS 还要求指定表的位置。

下面的 SQL 语句创建本书中所用的 Products 表：

输入▼

```
CREATE TABLE Products
(
    prod_id       CHAR(10)          NOT NULL,
    vend_id       CHAR(10)          NOT NULL,
    prod_name     CHAR(254)         NOT NULL,
    prod_price    DECIMAL(8,2)      NOT NULL,
    prod_desc     VARCHAR(1000)     NULL
);
```

分析▼

从上面的例子可以看到，表名紧跟 CREATE TABLE 关键字。实际的表定义（所有列）括在圆括号之中，各列之间用逗号分隔。这个表由 5 列组成。每列的定义以列名（它在表中必须是唯一的）开始，后跟列的数据类型（关于数据类型的解释，请参阅第 1 课。此外，附录 C 列出了常见的数据类型及兼容性）。整条语句以圆括号后的分号结束。

前面提到，不同 DBMS 的 CREATE TABLE 的语法有所不同，这个简单脚本也说明了这一点。这条语句在绝大多数 DBMS 中有效，但对于 DB2，必须从最后一列中去掉 NULL。这就是对于不同的 DBMS，要编写不同的表创建脚本的原因（参见附录 A）。

提示：语句格式化

回想一下在 SQL 语句中忽略的空格。语句可以在一个长行上输入，也可以分成许多行，它们没有差别。这样，你就可以用最适合自己的方式安排语句的格式。前面的 CREATE TABLE 语句就是 SQL 语句格式化的一个好例子，代码安排在多个行上，列定义进行了恰当的缩进，更易阅读和编辑。以何种格式安排 SQL 语句并没有规定，但我强烈推荐采用某种缩进格式。

提示：替换现有的表

在创建新的表时，指定的表名必须不存在，否则会出错。防止意外覆盖已有的表，SQL 要求首先手工删除该表（请参阅后面的内容），然后再重建它，而不是简单地用创建表语句覆盖它。

17.1.2 使用 NULL 值

第 4 课提到，NULL 值就是没有值或缺值。允许 NULL 值的列也允许在插入行时不给出该列的值。不允许 NULL 值的列不接受没有列值的行，换句话说，在插入或更新行时，该列必须有值。

每个表列要么是 NULL 列，要么是 NOT NULL 列，这种状态在创建时由表的定义规定。请看下面的例子：

输入▼

```
CREATE TABLE Orders
(
    order_num      INTEGER       NOT NULL,
    order_date     DATETIME      NOT NULL,
    cust_id        CHAR(10)      NOT NULL
);
```

分析▼

这条语句创建本书中所用的 Orders 表。Orders 包含三列：订单号、订单日期和顾客 ID。这三列都需要，因此每一列的定义都含有关键字 NOT NULL。这就会阻止插入没有值的列。如果插入没有值的列，将返回错误，且插入失败。

下一个例子将创建混合了 NULL 和 NOT NULL 列的表：

输入▼

```
CREATE TABLE Vendors
(
    vend_id          CHAR(10)      NOT NULL,
    vend_name        CHAR(50)      NOT NULL,
    vend_address     CHAR(50)      ,
    vend_city        CHAR(50)      ,
    vend_state       CHAR(5)       ,
    vend_zip         CHAR(10)      ,
    vend_country     CHAR(50)
);
```

分析▼

这条语句创建本书中使用的 Vendors 表。供应商 ID 和供应商名字列是必需的，因此指定为 NOT NULL。其余五列全都允许 NULL 值，所以不指定 NOT NULL。NULL 为默认设置，如果不指定 NOT NULL，就认为指定的是 NULL。

> **注意：指定 NULL**
>
> 在不指定 NOT NULL 时，多数 DBMS 认为指定的是 NULL，但不是所有的 DBMS 都这样。某些 DBMS 要求指定关键字 NULL，如果不指定将出错。关于完整的语法信息，请参阅具体的 DBMS 文档。

> **提示：主键和 NULL 值**
>
> 第 1 课介绍过，主键是其值唯一标识表中每一行的列。只有不允许 NULL 值的列可作为主键，允许 NULL 值的列不能作为唯一标识。

> **注意：理解 NULL**
>
> 不要把 NULL 值与空字符串相混淆。NULL 值是没有值，不是空字符串。如果指定''（两个单引号，其间没有字符），这在 NOT NULL 列中是允许的。空字符串是一个有效的值，它不是无值。NULL 值用关键字 NULL 而不是空字符串指定。

17.1.3 指定默认值

SQL 允许指定默认值，在插入行时如果不给出值，DBMS 将自动采用默认值。默认值在 CREATE TABLE 语句的列定义中用关键字 DEFAULT 指定。

请看下面的例子：

输入▼

```
CREATE TABLE OrderItems
(
    order_num      INTEGER          NOT NULL,
    order_item     INTEGER          NOT NULL,
    prod_id        CHAR(10)         NOT NULL,
    quantity       INTEGER          NOT NULL      DEFAULT 1,
    item_price     DECIMAL(8,2)     NOT NULL
);
```

分析▼

这条语句创建 OrderItems 表，包含构成订单的各项（订单本身存储在 Orders 表中）。quantity 列为订单中每个物品的数量。在这个例子中，这一列的描述增加了 DEFAULT 1，指示 DBMS，如果不给出数量则使用数量 1。

默认值经常用于日期或时间戳列。例如，通过指定引用系统日期的函数或变量，将系统日期用作默认日期。MySQL 用户指定 DEFAULT CURRENT_DATE()，Oracle 用户指定 DEFAULT SYSDATE，而 SQL Server 用户指定 DEFAULT GETDATE()。遗憾的是，这条获得系统日期的命令在不同的 DBMS 中大多是不同的。表 17-1 列出了这条命令在某些 DBMS 中的语法。这里若未列出某个 DBMS，请参阅相应的文档。

表17-1　获得系统日期

DBMS	函数/变量
DB2	CURRENT_DATE
MySQL	CURRENT_DATE()
Oracle	SYSDATE
PostgreSQL	CURRENT_DATE
SQL Server	GETDATE()
SQLite	date('now')

> **提示：使用 DEFAULT 而不是 NULL 值**
> 许多数据库开发人员喜欢使用 DEFAULT 值而不是 NULL 列，对于用于计算或数据分组的列更是如此。

17.2　更新表

更新表定义，可以使用 ALTER TABLE 语句。虽然所有的 DBMS 都支持 ALTER TABLE，但它们所允许更新的内容差别很大。以下是使用 ALTER

TABLE 时需要考虑的事情。

- 理想情况下，不要在表中包含数据时对其进行更新。应该在表的设计过程中充分考虑未来可能的需求，避免今后对表的结构做大改动。
- 所有的 DBMS 都允许给现有的表增加列，不过对所增加列的数据类型（以及 NULL 和 DEFAULT 的使用）有所限制。
- 许多 DBMS 不允许删除或更改表中的列。
- 多数 DBMS 允许重新命名表中的列。
- 许多 DBMS 限制对已经填有数据的列进行更改，对未填有数据的列几乎没有限制。

可以看出，对已有表做更改既复杂又不统一。对表的结构能进行何种更改，请参阅具体的 DBMS 文档。

使用 ALTER TABLE 更改表结构，必须给出下面的信息：

- 在 ALTER TABLE 之后给出要更改的表名（该表必须存在，否则将出错）；
- 列出要做哪些更改。

因为给已有表增加列可能是所有 DBMS 都支持的唯一操作，所以我们举个这样的例子：

输入▼

```
ALTER TABLE Vendors
ADD vend_phone CHAR(20);
```

分析▼

这条语句给 Vendors 表增加一个名为 vend_phone 的列，其数据类型为 CHAR。

更改或删除列、增加约束或增加键，这些操作也使用类似的语法。

注意，下面的例子并非对所有 DBMS 都有效：

输入▼

```
ALTER TABLE Vendors
DROP COLUMN vend_phone;
```

复杂的表结构更改一般需要手动删除过程，它涉及以下步骤：

(1) 用新的列布局创建一个新表；

(2) 使用 INSERT SELECT 语句（关于这条语句的详细介绍，请参阅第 15 课）从旧表复制数据到新表。有必要的话，可以使用转换函数和计算字段；

(3) 检验包含所需数据的新表；

(4) 重命名旧表（如果确定，可以删除它）；

(5) 用旧表原来的名字重命名新表；

(6) 根据需要，重新创建触发器、存储过程、索引和外键。

说明：ALTER TABLE 和 SQLite

SQLite 对使用 ALTER TABLE 执行的操作有所限制。最重要的一个限制是，它不支持使用 ALTER TABLE 定义主键和外键，这些必须在最初创建表时指定。

注意：小心使用 ALTER TABLE

使用 ALTER TABLE 要极为小心，应该在进行改动前做完整的备份（表结构和数据的备份）。数据库表的更改不能撤销，如果增加了不需要的列，也许无法删除它们。类似地，如果删除了不应该删除的列，可能会丢失该列中的所有数据。

17.3 删除表

删除表（删除整个表而不是其内容）非常简单，使用 DROP TABLE 语句即可：

输入▼

```
DROP TABLE CustCopy;
```

分析▼

这条语句删除 CustCopy 表（第 15 课中创建的）。删除表没有确认步骤，也不能撤销，执行这条语句将永久删除该表。

> **提示：使用关系规则防止意外删除**
>
> 许多 DBMS 允许强制实施有关规则，防止删除与其他表相关联的表。在实施这些规则时，如果对某个表发布一条 DROP TABLE 语句，且该表是某个关系的组成部分，则 DBMS 将阻止这条语句执行，直到该关系被删除为止。如果允许，应该启用这些选项，它能防止意外删除有用的表。

17.4 重命名表

每个 DBMS 对表重命名的支持有所不同。对于这个操作，不存在严格的标准。DB2、MariaDB、MySQL、Oracle 和 PostgreSQL 用户使用 RENAME 语句，SQL Server 用户使用 sp_rename 存储过程，SQLite 用户使用 ALTER TABLE 语句。

所有重命名操作的基本语法都要求指定旧表名和新表名。不过，存在 DBMS 实现差异。关于具体的语法，请参阅相应的 DBMS 文档。

17.5　小结

这一课介绍了几条新的 SQL 语句。CREATE TABLE 用来创建新表，ALTER TABLE 用来更改表列（或其他诸如约束或索引等对象），而 DROP TABLE 用来完整地删除一个表。这些语句必须小心使用，并且应该在备份后使用。由于这些语句的语法在不同的 DBMS 中有所不同，所以更详细的信息请参阅相应的 DBMS 文档。

17.6　挑战题

1. 在 Vendors 表中添加一个网站列（vend_web）。你需要一个足以容纳 URL 的大文本字段。
2. 使用 UPDATE 语句更新 Vendor 记录，以便加入网站（你可以编造任何地址）。

第 18 课　使用视图

这一课将介绍什么是视图，它们怎样工作，何时使用它们；还将讲述如何利用视图简化前几课中执行的某些 SQL 操作。

18.1　视图

视图是虚拟的表。与包含数据的表不一样，视图只包含使用时动态检索数据的查询。

> **说明：SQLite 的视图**
>
> SQLite 仅支持只读视图，所以视图可以创建，可以读，但其内容不能更改。

理解视图的最好方法是看例子。第 12 课用下面的 SELECT 语句从三个表中检索数据：

输入▼

```
SELECT cust_name, cust_contact
FROM Customers, Orders, OrderItems
WHERE Customers.cust_id = Orders.cust_id
 AND OrderItems.order_num = Orders.order_num
 AND prod_id = 'RGAN01';
```

此查询用来检索订购了某种产品的顾客。任何需要这个数据的人都必须理解相关表的结构，知道如何创建查询和对表进行联结。检索其他产品（或多个产品）的相同数据，必须修改最后的 WHERE 子句。

现在，假如可以把整个查询包装成一个名为 ProductCustomers 的虚拟表，则可以如下轻松地检索出相同的数据：

输入▼

```
SELECT cust_name, cust_contact
FROM ProductCustomers
WHERE prod_id = 'RGAN01';
```

这就是视图的作用。ProductCustomers 是一个视图，作为视图，它不包含任何列或数据，包含的是一个查询（与上面用以正确联结表的查询相同）。

> **提示：DBMS 的一致支持**
> 我们欣慰地了解到，所有 DBMS 非常一致地支持视图创建语法。

18.1.1 为什么使用视图

我们已经看到了视图应用的一个例子。下面是视图的一些常见应用。

- 重用 SQL 语句。
- 简化复杂的 SQL 操作。在编写查询后，可以方便地重用它而不必知道其基本查询细节。
- 使用表的一部分而不是整个表。
- 保护数据。可以授予用户访问表的特定部分的权限，而不是整个表的访问权限。
- 更改数据格式和表示。视图可返回与底层表的表示和格式不同的数据。

创建视图之后，可以用与表基本相同的方式使用它们。可以对视图执行 SELECT 操作，过滤和排序数据，将视图联结到其他视图或表，甚至添加和更新数据（添加和更新数据存在某些限制，关于这个内容稍后做介绍）。

重要的是，要知道视图仅仅是用来查看存储在别处数据的一种设施。视图本身不包含数据，因此返回的数据是从其他表中检索出来的。在添加或更改这些表中的数据时，视图将返回改变过的数据。

> **注意：性能问题**
> 因为视图不包含数据，所以每次使用视图时，都必须处理查询执行时需要的所有检索。如果你用多个联结和过滤创建了复杂的视图或者嵌套了视图，性能可能会下降得很厉害。因此，在部署使用了大量视图的应用前，应该进行测试。

18.1.2 视图的规则和限制

创建视图前，应该知道它的一些限制。不过，这些限制随不同的 DBMS 而不同，因此在创建视图时应该查看具体的 DBMS 文档。

下面是关于视图创建和使用的一些最常见的规则和限制。

- 与表一样，视图必须唯一命名（不能给视图取与别的视图或表相同的名字）。
- 对于可以创建的视图数目没有限制。
- 创建视图，必须具有足够的访问权限。这些权限通常由数据库管理人员授予。
- 视图可以嵌套，即可以利用从其他视图中检索数据的查询来构造视图。所允许的嵌套层数在不同的 DBMS 中有所不同（嵌套视图可能会严重降低查询的性能，因此在产品环境中使用之前，应该对其进行全面测试）。

- 许多 DBMS 禁止在视图查询中使用 ORDER BY 子句。
- 有些 DBMS 要求对返回的所有列进行命名，如果列是计算字段，则需要使用别名（关于列别名的更多信息，请参阅第 7 课）。
- 视图不能索引，也不能有关联的触发器或默认值。
- 有些 DBMS 把视图作为只读的查询，这表示可以从视图检索数据，但不能将数据写回底层表。详情请参阅具体的 DBMS 文档。
- 有些 DBMS 允许创建这样的视图，它不能进行导致行不再属于视图的插入或更新。例如有一个视图，只检索带有电子邮件地址的顾客。如果更新某个顾客，删除他的电子邮件地址，将使该顾客不再属于视图。这是默认行为，而且是允许的，但有的 DBMS 可能会防止这种情况发生。

> **提示：参阅具体的 DBMS 文档**
>
> 上面的规则不少，而具体的 DBMS 文档很可能还包含别的规则。因此，在创建视图前，有必要花点时间了解必须遵守的规定。

18.2　创建视图

理解了什么是视图以及管理它们的规则和约束后，我们来创建视图。

视图用 CREATE VIEW 语句来创建。与 CREATE TABLE 一样，CREATE VIEW 只能用于创建不存在的视图。

> **说明：视图重命名**
>
> 删除视图，可以使用 DROP 语句，其语法为 DROP VIEW viewname;。
>
> 覆盖（或更新）视图，必须先删除它，然后再重新创建。

18.2.1 利用视图简化复杂的联结

一个最常见的视图应用是隐藏复杂的 SQL，这通常涉及联结。请看下面的例子：

输入▼

```
CREATE VIEW ProductCustomers AS
SELECT cust_name, cust_contact, prod_id
FROM Customers, Orders, OrderItems
WHERE Customers.cust_id = Orders.cust_id
 AND OrderItems.order_num = Orders.order_num;
```

分析▼

这条语句创建一个名为 ProductCustomers 的视图，它联结三个表，返回已订购了任意产品的所有顾客的列表。如果执行 SELECT * FROM ProductCustomers，将列出订购了任意产品的顾客。

检索订购了产品 RGAN01 的顾客，可如下进行：

输入▼

```
SELECT cust_name, cust_contact
FROM ProductCustomers
WHERE prod_id = 'RGAN01';
```

输出▼

```
cust_name               cust_contact
-------------------     ------------------
Fun4All                 Denise L. Stephens
The Toy Store           Kim Howard
```

分析▼

这条语句通过 WHERE 子句从视图中检索特定数据。当 DBMS 处理此查询时，它将指定的 WHERE 子句添加到视图查询中已有的 WHERE 子句中，以便正确过滤数据。

可以看出，视图极大地简化了复杂 SQL 语句的使用。利用视图，可一次性编写基础的 SQL，然后根据需要多次使用。

> **提示：创建可重用的视图**
>
> 创建不绑定特定数据的视图是一种好办法。例如，上面创建的视图返回订购所有产品而不仅仅是 RGAN01 的顾客（这个视图先创建）。扩展视图的范围不仅使得它能被重用，而且可能更有用。这样做不需要创建和维护多个类似视图。

18.2.2　用视图重新格式化检索出的数据

如前所述，视图的另一常见用途是重新格式化检索出的数据。下面的 SELECT 语句（来自第 7 课）在单个组合计算列中返回供应商名和位置：

输入▼

```
SELECT RTRIM(vend_name) + ' (' + RTRIM(vend_country) + ')'
       AS vend_title
FROM Vendors
ORDER BY vend_name;
```

输出▼

```
vend_title
-----------------------------------------------------------
Bear Emporium (USA)
Bears R Us (USA)
Doll House Inc. (USA)
Fun and Games (England)
Furball Inc. (USA)
Jouets et ours (France)
```

下面是相同的语句，但使用了||语法（如第 7 课所述）：

输入▼

```
SELECT RTRIM(vend_name) || ' (' || RTRIM(vend_country) || ')'
       AS vend_title
FROM Vendors
ORDER BY vend_name;
```

输出▼

```
vend_title
-----------------------------------------------------------
Bear Emporium (USA)
Bears R Us (USA)
Doll House Inc. (USA)
Fun and Games (England)
Furball Inc. (USA)
Jouets et ours (France)
```

现在，假设经常需要这个格式的结果。我们不必在每次需要时执行这种拼接，而是创建一个视图，使用它即可。把此语句转换为视图，可按如下进行：

输入▼

```
CREATE VIEW VendorLocations AS
SELECT RTRIM(vend_name) + ' (' + RTRIM(vend_country) + ')'
       AS vend_title
FROM Vendors;
```

下面是使用||语法的相同语句：

输入▼

```
CREATE VIEW VendorLocations AS
SELECT RTRIM(vend_name) || ' (' || RTRIM(vend_country) || ')'
       AS vend_title
FROM Vendors;
```

分析▼

这条语句使用与以前 SELECT 语句相同的查询创建视图。要检索数据，创建所有的邮件标签，可如下进行：

输入▼

```
SELECT * FROM VendorLocations;
```

输出▼

```
vend_title
-----------------------------------------------------------
Bear Emporium (USA)
Bears R Us (USA)
Doll House Inc. (USA)
Fun and Games (England)
Furball Inc. (USA)
Jouets et ours (France)
```

> **说明：SELECT 约束全部适用**
>
> 在这一课的前面提到，各种 DBMS 中用来创建视图的语法相当一致。那么，为什么会有多种创建视图的语句版本呢？因为视图只包含一个 SELECT 语句，而这个语句的语法必须遵循具体 DBMS 的所有规则和约束，所以会有多个创建视图的语句版本。

18.2.3 用视图过滤不想要的数据

视图对于应用普通的 WHERE 子句也很有用。例如，可以定义 CustomerEMailList 视图，过滤没有电子邮件地址的顾客。为此，可使用下面的语句：

输入▼

```
CREATE VIEW CustomerEMailList AS
SELECT cust_id, cust_name, cust_email
FROM Customers
WHERE cust_email IS NOT NULL;
```

分析▼

显然，在将电子邮件发送到邮件列表时，需要排除没有电子邮件地址的用户。这里的 WHERE 子句过滤了 cust_email 列中具有 NULL 值的那些行，使它们不被检索出来。

现在，可以像使用其他表一样使用视图 CustomerEMailList。

输入▼

```
SELECT *
FROM CustomerEMailList;
```

输出▼

```
cust_id        cust_name       cust_email
----------     ------------    ---------------------
1000000001     Village Toys    sales@villagetoys.com
1000000003     Fun4All         jjones@fun4all.com
1000000004     Fun4All         dstephens@fun4all.com
```

> **说明：WHERE 子句与 WHERE 子句**
>
> 从视图检索数据时如果使用了一条 WHERE 子句，则两组子句（一组在视图中，另一组是传递给视图的）将自动组合。

18.2.4　使用视图与计算字段

在简化计算字段的使用上，视图也特别有用。下面是第 7 课中介绍的一条 SELECT 语句，它检索某个订单中的物品，计算每种物品的总价格：

输入▼

```
SELECT prod_id,
       quantity,
       item_price,
       quantity*item_price AS expanded_price
FROM OrderItems
WHERE order_num = 20008;
```

输出▼

```
prod_id      quantity     item_price     expanded_price
--------     ---------    -----------    --------------
RGAN01       5            4.9900         24.9500
BR03         5            11.9900        59.9500
BNBG01       10           3.4900         34.9000
BNBG02       10           3.4900         34.9000
BNBG03       10           3.4900         34.9000
```

要将其转换为一个视图，如下进行：

输入▼

```
CREATE VIEW OrderItemsExpanded AS
SELECT order_num,
       prod_id,
       quantity,
       item_price,
       quantity*item_price AS expanded_price
FROM OrderItems
```

检索订单 20008 的详细内容（上面的输出），如下进行：

输入▼

```
SELECT *
FROM OrderItemsExpanded
WHERE order_num = 20008;
```

输出▼

```
order_num   prod_id   quantity   item_price   expanded_price
---------   -------   ---------  ----------   --------------
20008       RGAN01    5          4.99         24.95
20008       BR03      5          11.99        59.95
20008       BNBG01    10         3.49         34.90
20008       BNBG02    10         3.49         34.90
20008       BNBG03    10         3.49         34.90
```

可以看到，视图非常容易创建，而且很好使用。正确使用，视图可极大地简化复杂数据的处理。

18.3 小结

视图为虚拟的表。它们包含的不是数据而是根据需要检索数据的查询。视图提供了一种封装 SELECT 语句的层次，可用来简化数据处理，重新格式化或保护基础数据。

18.4 挑战题

1. 创建一个名为 CustomersWithOrders 的视图，其中包含 Customers 表中的所有列，但仅仅是那些已下订单的列。提示：可以在 Orders 表上使用 JOIN 来仅仅过滤所需的顾客，然后使用 SELECT 来确保拥有正确的数据。

2. 下面的 SQL 语句有问题吗？（尝试在不运行的情况下指出。）

```
CREATE VIEW OrderItemsExpanded AS
SELECT order_num,
       prod_id,
       quantity,
       item_price,
       quantity*item_price AS expanded_price
FROM OrderItems
ORDER BY order_num;
```

第 19 课　使用存储过程

这一课介绍什么是存储过程，为什么要使用存储过程，如何使用存储过程，以及创建和使用存储过程的基本语法。

19.1　存储过程

迄今为止，我们使用的大多数 SQL 语句都是针对一个或多个表的单条语句。并非所有操作都这么简单，经常会有一些复杂的操作需要多条语句才能完成，例如以下的情形。

- 为了处理订单，必须核对以保证库存中有相应的物品。
- 如果物品有库存，需要预定，不再出售给别的人，并且减少物品数据以反映正确的库存量。
- 库存中没有的物品需要订购，这需要与供应商进行某种交互。
- 关于哪些物品入库（并且可以立即发货）和哪些物品退订，需要通知相应的顾客。

这显然不是一个完整的例子，它甚至超出了本书中所用样例表的范围，但足以表达我们的意思了。执行这个处理需要针对许多表的多条 SQL 语句。此外，需要执行的具体 SQL 语句及其次序也不是固定的，它们可能会根据物品是否在库存中而变化。

那么，怎样编写代码呢？可以单独编写每条 SQL 语句，并根据结果有条件地执行其他语句。在每次需要这个处理时（以及每个需要它的应用中），都必须做这些工作。

可以创建存储过程。简单来说，存储过程就是为以后使用而保存的一条或多条 SQL 语句。可将其视为批文件，虽然它们的作用不仅限于批处理。

> **说明：不适用于 SQLite**
> SQLite 不支持存储过程。

> **说明：还有更多内容**
> 存储过程很复杂，全面介绍它需要很大篇幅。市面上有专门讲存储过程的书。本课不打算讲解存储过程的所有内容，只给出简单介绍，让读者对它们的功能有所了解。因此，这里给出的例子只提供 Oracle 和 SQL Server 的语法。

19.2 为什么要使用存储过程

我们知道了什么是存储过程，那么为什么要使用它们呢？理由很多，下面列出一些主要的。

- 通过把处理封装在一个易用的单元中，可以简化复杂的操作（如前面例子所述）。
- 由于不要求反复建立一系列处理步骤，因而保证了数据的一致性。如果所有开发人员和应用程序都使用同一存储过程，则所使用的代码都是相同的。
- 上一点的延伸就是防止错误。需要执行的步骤越多，出错的可能性就越大。防止错误保证了数据的一致性。

- 简化对变动的管理。如果表名、列名或业务逻辑（或别的内容）有变化，那么只需要更改存储过程的代码。使用它的人员甚至不需要知道这些变化。
- 上一点的延伸就是安全性。通过存储过程限制对基础数据的访问，减少了数据讹误（无意识的或别的原因所导致的数据讹误）的机会。
- 因为存储过程通常以编译过的形式存储，所以 DBMS 处理命令所需的工作量少，提高了性能。
- 存在一些只能用在单个请求中的 SQL 元素和特性，存储过程可以使用它们来编写功能更强更灵活的代码。

换句话说，使用存储过程有三个主要的好处，即简单、安全、高性能。显然，它们都很重要。不过，在将 SQL 代码转换为存储过程前，也必须知道它的一些缺陷。

- 不同 DBMS 中的存储过程语法有所不同。事实上，编写真正的可移植存储过程几乎是不可能的。不过，存储过程的自我调用（名字以及数据如何传递）可以相对保持可移植。因此，如果需要移植到别的 DBMS，至少客户端应用代码不需要变动。
- 一般来说，编写存储过程比编写基本 SQL 语句复杂，需要更高的技能，更丰富的经验。因此，许多数据库管理员把限制存储过程的创建作为安全措施（主要受上一条缺陷的影响）。

尽管有这些缺陷，存储过程还是非常有用的，并且应该使用。事实上，多数 DBMS 都带有用于管理数据库和表的各种存储过程。更多信息请参阅具体的 DBMS 文档。

> **说明：不会写存储过程？你依然可以使用**
>
> 大多数 DBMS 将编写存储过程所需的安全和访问权限与执行存储过程所需的安全和访问权限区分开来。这是好事情，即使你不能（或不想）编写自己的存储过程，也仍然可以在适当的时候执行别的存储过程。

19.3 执行存储过程

存储过程的执行远比编写要频繁得多，因此我们先介绍存储过程的执行。执行存储过程的 SQL 语句很简单，即 EXECUTE。EXECUTE 接受存储过程名和需要传递给它的任何参数。请看下面的例子（你无法运行这个例子，因为 AddNewProduct 这个存储过程还不存在）：

输入▼

```
EXECUTE AddNewProduct('JTS01',
                      'Stuffed Eiffel Tower',
                      6.49,
                      'Plush stuffed toy with
➥the text La Tour Eiffel in red white and blue');
```

分析▼

这里执行一个名为 AddNewProduct 的存储过程，将一个新产品添加到 Products 表中。AddNewProduct 有四个参数，分别是：供应商 ID（Vendors 表的主键）、产品名、价格和描述。这 4 个参数匹配存储过程中 4 个预期变量（定义为存储过程自身的组成部分）。此存储过程将新行添加到 Products 表，并将传入的属性赋给相应的列。

我们注意到，在 Products 表中还有另一个需要值的列 prod_id 列，它是这个表的主键。为什么这个值不作为属性传递给存储过程？要保证恰当地生成此 ID，最好是使生成此 ID 的过程自动化（而不是依赖于最终用户的输入）。这也是这个例子使用存储过程的原因。以下是存储过程所完成的工作：

- 验证传递的数据，保证所有 4 个参数都有值；
- 生成用作主键的唯一 ID；
- 将新产品插入 Products 表，在合适的列中存储生成的主键和传递的数据。

这就是存储过程执行的基本形式。对于具体的 DBMS，可能包括以下的执行选择。

- 参数可选，具有不提供参数时的默认值。
- 不按次序给出参数，以“参数=值”的方式给出参数值。
- 输出参数，允许存储过程在正执行的应用程序中更新所用的参数。
- 用 SELECT 语句检索数据。
- 返回代码，允许存储过程返回一个值到正在执行的应用程序。

19.4　创建存储过程

正如所述，存储过程的编写很重要。为了获得感性认识，我们来看一个简单的存储过程例子，它对邮件发送清单中具有邮件地址的顾客进行计数。

下面是该过程的 Oracle 版本：

输入▼

```
CREATE PROCEDURE MailingListCount (
  ListCount OUT INTEGER
)
```

```
IS
v_rows INTEGER;
BEGIN
    SELECT COUNT(*) INTO v_rows
    FROM Customers
    WHERE NOT cust_email IS NULL;
    ListCount := v_rows;
END;
```

分析▼

这个存储过程有一个名为 ListCount 的参数。此参数从存储过程返回一个值而不是传递一个值给存储过程。关键字 OUT 用来指示这种行为。Oracle 支持 IN（传递值给存储过程）、OUT（从存储过程返回值，如这里）、INOUT（既传递值给存储过程也从存储过程传回值）类型的参数。存储过程的代码括在 BEGIN 和 END 语句中，这里执行一条简单的 SELECT 语句，它检索具有邮件地址的顾客。然后用检索出的行数设置 ListCount（要传递的输出参数）。

调用 Oracle 例子可以像下面这样：

输入▼

```
var ReturnValue NUMBER
EXEC MailingListCount(:ReturnValue);
SELECT ReturnValue;
```

分析▼

这段代码声明了一个变量来保存存储过程返回的任何值，然后执行存储过程，再使用 SELECT 语句显示返回的值。

下面是该过程的 SQL Server 版本。

输入▼

```
CREATE PROCEDURE MailingListCount
AS
DECLARE @cnt INTEGER
SELECT @cnt = COUNT(*)
FROM Customers
WHERE NOT cust_email IS NULL;
RETURN @cnt;
```

分析▼

此存储过程没有参数。调用程序检索 SQL Server 的返回代码提供的值。其中用 DECLARE 语句声明了一个名为@cnt 的局部变量（SQL Server 中所有局部变量名都以@起头）；然后在 SELECT 语句中使用这个变量，让它包含 COUNT()函数返回的值；最后，用 RETURN @cnt 语句将计数返回给调用程序。

调用 SQL Server 例子可以像下面这样：

输入▼

```
DECLARE @ReturnValue INT
EXECUTE @ReturnValue=MailingListCount;
SELECT @ReturnValue;
```

分析▼

这段代码声明了一个变量来保存存储过程返回的任何值，然后执行存储过程，再使用 SELECT 语句显示返回的值。

下面是另一个例子，这次在 Orders 表中插入一个新订单。此程序仅适用于 SQL Server，但它说明了存储过程的某些用途和技术：

输入▼

```
CREATE PROCEDURE NewOrder @cust_id CHAR(10)
AS
-- 为订单号声明一个变量
DECLARE @order_num INTEGER
-- 获取当前最大订单号
SELECT @order_num=MAX(order_num)
FROM Orders
-- 决定下一个订单号
SELECT @order_num=@order_num+1
-- 插入新订单
INSERT INTO Orders(order_num, order_date, cust_id)
VALUES(@order_num, GETDATE(), @cust_id)
-- 返回订单号
RETURN @order_num;
```

分析▼

此存储过程在 Orders 表中创建一个新订单。它只有一个参数，即下订单顾客的 ID。订单号和订单日期这两列在存储过程中自动生成。代码首先声明一个局部变量来存储订单号。接着，检索当前最大订单号（使用 MAX()函数）并增加 1（使用 SELECT 语句）。然后用 INSERT 语句插入由新生成的订单号、当前系统日期（用 GETDATE()函数检索）和传递的顾客 ID 组成的订单。最后，用 RETURN @order_num 返回订单号（处理订单物品需要它）。请注意，此代码加了注释，在编写存储过程时应该多加注释。

> **说明：注释代码**
>
> 应该注释所有代码，存储过程也不例外。增加注释不影响性能，因此不存在缺陷（除了增加编写时间外）。注释代码的好处很多，包括使别人（以及你自己）更容易地理解和更安全地修改代码。

对代码进行注释的标准方式是在之前放置--（两个连字符）。有的 DBMS 还支持其他的注释语法，不过所有 DBMS 都支持--，因此在注释代码时最好都使用这种语法。

下面是相同 SQL Server 代码的一个很不同的版本：

输入▼

```
CREATE PROCEDURE NewOrder @cust_id CHAR(10)
AS
-- 插入新订单
INSERT INTO Orders(cust_id)
VALUES(@cust_id)
-- 返回订单号
SELECT order_num = @@IDENTITY;
```

分析▼

此存储过程也在 Orders 表中创建一个新订单。这次由 DBMS 生成订单号。大多数 DBMS 都支持这种功能；SQL Server 中称这些自动增量的列为标识字段（identity field），而其他 DBMS 称之为自动编号（auto number）或序列（sequence）。传递给此过程的参数也是一个，即下订单的顾客 ID。订单号和订单日期没有给出，DBMS 对日期使用默认值（GETDATE()函数），订单号自动生成。怎样才能得到这个自动生成的 ID？在 SQL Server 上可在全局变量@@IDENTITY 中得到，它返回到调用程序（这里使用 SELECT 语句）。

可以看到，借助存储过程，可以有多种方法完成相同的工作。不过，所选择的方法受所用 DBMS 特性的制约。

19.5 小结

这一课介绍了什么是存储过程，为什么使用存储过程。我们介绍了执行和创建存储过程的语法，使用存储过程的一些方法。存储过程是个相当重要的主题，一课内容无法全部涉及。各种 DBMS 对存储过程的实现不一，你使用的 DBMS 可能提供了一些这里提到的功能，也有其他未提及的功能，更详细的介绍请参阅具体的 DBMS 文档。

第 20 课　管理事务处理

这一课介绍什么是事务处理，如何利用 COMMIT 和 ROLLBACK 语句管理事务处理。

20.1　事务处理

使用事务处理（transaction processing），通过确保成批的 SQL 操作要么完全执行，要么完全不执行，来维护数据库的完整性。

正如第 12 课所述，关系数据库把数据存储在多个表中，使数据更容易操纵、维护和重用。不用深究如何以及为什么进行关系数据库设计，在某种程度上说，设计良好的数据库模式都是关联的。

前面使用的 Orders 表就是一个很好的例子。订单存储在 Orders 和 OrderItems 两个表中：Orders 存储实际的订单，OrderItems 存储订购的各项物品。这两个表使用称为主键（参阅第 1 课）的唯一 ID 互相关联，又与包含客户和产品信息的其他表相关联。

给系统添加订单的过程如下：

(1) 检查数据库中是否存在相应的顾客，如果不存在，添加他；
(2) 检索顾客的 ID；

(3) 在 `Orders` 表添加一行，它与顾客 ID 相关联；
(4) 检索 `Orders` 表中赋予的新订单 ID；
(5) 为订购的每个物品在 `OrderItems` 表中添加一行，通过检索出来的 ID 把它与 `Orders` 表关联（并且通过产品 ID 与 `Products` 表关联）。

现在假设由于某种数据库故障（如超出磁盘空间、安全限制、表锁等），这个过程无法完成。数据库中的数据会出现什么情况？

如果故障发生在添加顾客之后，添加 `Orders` 表之前，则不会有什么问题。某些顾客没有订单是完全合法的。重新执行此过程时，所插入的顾客记录将被检索和使用。可以有效地从出故障的地方开始执行此过程。

但是，如果故障发生在插入 `Orders` 行之后，添加 `OrderItems` 行之前，怎么办？现在，数据库中有一个空订单。

更糟的是，如果系统在添加 `OrderItems` 行之时出现故障，怎么办？结果是数据库中存在不完整的订单，而你还不知道。

如何解决这种问题？这就需要使用事务处理了。事务处理是一种机制，用来管理必须成批执行的 SQL 操作，保证数据库不包含不完整的操作结果。利用事务处理，可以保证一组操作不会中途停止，它们要么完全执行，要么完全不执行（除非明确指示）。如果没有错误发生，整组语句提交给（写到）数据库表；如果发生错误，则进行回退（撤销），将数据库恢复到某个已知且安全的状态。

再看这个例子，这次我们说明这一过程是如何工作的：

(1) 检查数据库中是否存在相应的顾客，如果不存在，添加他；
(2) 提交顾客信息；
(3) 检索顾客的 ID；

(4) 在 Orders 表中添加一行；

(5) 如果向 Orders 表添加行时出现故障，回退；

(6) 检索 Orders 表中赋予的新订单 ID；

(7) 对于订购的每项物品，添加新行到 OrderItems 表；

(8) 如果向 OrderItems 添加行时出现故障，回退所有添加的 OrderItems 行和 Orders 行。

在使用事务处理时，有几个反复出现的关键词。下面是关于事务处理需要知道的几个术语：

- 事务（transaction）指一组 SQL 语句；
- 回退（rollback）指撤销指定 SQL 语句的过程；
- 提交（commit）指将未存储的 SQL 语句结果写入数据库表；
- 保留点（savepoint）指事务处理中设置的临时占位符（placeholder），可以对它发布回退（与回退整个事务处理不同）。

> **提示：可以回退哪些语句？**
> 事务处理用来管理 INSERT、UPDATE 和 DELETE 语句。不能回退 SELECT 语句（回退 SELECT 语句也没有必要），也不能回退 CREATE 或 DROP 操作。事务处理中可以使用这些语句，但进行回退时，这些操作也不撤销。

20.2 控制事务处理

我们已经知道了什么是事务处理，下面讨论管理事务中涉及的问题。

> **注意：事务处理实现的差异**
> 不同 DBMS 用来实现事务处理的语法有所不同。在使用事务处理时请参阅相应的 DBMS 文档。

管理事务的关键在于将 SQL 语句组分解为逻辑块，并明确规定数据何时应该回退，何时不应该回退。

有的 DBMS 要求明确标识事务处理块的开始和结束。如在 SQL Server 中，标识如下（省略号表示实际的代码）：

输入▼

```
BEGIN TRANSACTION
...
COMMIT TRANSACTION
```

分析▼

在这个例子中，BEGIN TRANSACTION 和 COMMIT TRANSACTION 语句之间的 SQL 必须完全执行或者完全不执行。

MariaDB 和 MySQL 中等同的代码为：

输入▼

```
START TRANSACTION
...
```

Oracle 使用的语法：

输入▼

```
SET TRANSACTION
...
```

PostgreSQL 使用 ANSI SQL 语法：

输入▼

```
BEGIN
...
```

其他 DBMS 采用上述语法的变体。你会发现，多数实现没有明确标识事务处理在何处结束。事务一直存在，直到被中断。通常，COMMIT 用于保存更改，ROLLBACK 用于撤销，详述如下。

20.2.1　使用 ROLLBACK

SQL 的 ROLLBACK 命令用来回退（撤销）SQL 语句，请看下面的语句：

输入▼

```
DELETE FROM Orders;
ROLLBACK;
```

分析▼

在此例子中，执行 DELETE 操作，然后用 ROLLBACK 语句撤销。虽然这不是最有用的例子，但它的确能够说明，在事务处理块中，DELETE 操作（与 INSERT 和 UPDATE 操作一样）并不是最终的结果。

20.2.2　使用 COMMIT

一般的 SQL 语句都是针对数据库表直接执行和编写的。这就是所谓的隐式提交（implicit commit），即提交（写或保存）操作是自动进行的。

在事务处理块中，提交不会隐式进行。不过，不同 DBMS 的做法有所不同。有的 DBMS 按隐式提交处理事务端，有的则不这样。

进行明确的提交，使用 COMMIT 语句。下面是一个 SQL Server 的例子：

输入▼

```
BEGIN TRANSACTION
DELETE OrderItems WHERE order_num = 12345
DELETE Orders WHERE order_num = 12345
COMMIT TRANSACTION
```

分析▼

在这个 SQL Server 例子中，从系统中完全删除订单 12345。因为涉及更新两个数据库表 Orders 和 OrderItems，所以使用事务处理块来保证订单不被部分删除。最后的 COMMIT 语句仅在不出错时写出更改。如果第一条 DELETE 起作用，但第二条失败，则 DELETE 不会提交。

为在 Oracle 中完成相同的工作，可如下进行：

输入▼

```
SET TRANSACTION
DELETE OrderItems WHERE order_num = 12345;
DELETE Orders WHERE order_num = 12345;
COMMIT;
```

20.2.3　使用保留点

使用简单的 ROLLBACK 和 COMMIT 语句，就可以写入或撤销整个事务。但是，只对简单的事务才能这样做，复杂的事务可能需要部分提交或回退。

例如前面描述的添加订单的过程就是一个事务。如果发生错误，只需要返回到添加 Orders 行之前即可。不需要回退到 Customers 表（如果存在的话）。

要支持回退部分事务，必须在事务处理块中的合适位置放置占位符。这样，如果需要回退，可以回退到某个占位符。

在 SQL 中，这些占位符称为保留点。在 MariaDB、MySQL 和 Oracle 中创建占位符，可使用 SAVEPOINT 语句。

输入▼

```
SAVEPOINT delete1;
```

在 SQL Server 中，如下进行：

输入▼

```
SAVE TRANSACTION delete1;
```

每个保留点都要取能够标识它的唯一名字，以便在回退时，DBMS 知道回退到何处。要回退到本例给出的保留点，在 SQL Server 中可如下进行。

输入▼

```
ROLLBACK TRANSACTION delete1;
```

在 MariaDB、MySQL 和 Oracle 中，如下进行：

输入▼

```
ROLLBACK TO delete1;
```

下面是一个完整的 SQL Server 例子：

输入▼

```
BEGIN TRANSACTION
INSERT INTO Customers(cust_id, cust_name)
VALUES(1000000010, 'Toys Emporium');
SAVE TRANSACTION StartOrder;
INSERT INTO Orders(order_num, order_date, cust_id)
VALUES(20100,'2001/12/1',1000000010);
```

```
IF @@ERROR <> 0 ROLLBACK TRANSACTION StartOrder;
INSERT INTO OrderItems(order_num, order_item,
➥prod_id, quantity, item_price)
VALUES(20100, 1, 'BR01', 100, 5.49);
IF @@ERROR <> 0 ROLLBACK TRANSACTION StartOrder;
INSERT INTO OrderItems(order_num, order_item,
➥prod_id, quantity, item_price)
VALUES(20100, 2, 'BR03', 100, 10.99);
IF @@ERROR <> 0 ROLLBACK TRANSACTION StartOrder;
COMMIT TRANSACTION
```

分析▼

这里的事务处理块中包含了 4 条 INSERT 语句。在第一条 INSERT 语句之后定义了一个保留点，因此，如果后面的任何一个 INSERT 操作失败，事务处理能够回退到这里。在 SQL Server 中，可检查一个名为@@ERROR 的变量，看操作是否成功。（其他 DBMS 使用不同的函数或变量返回此信息。）如果@@ERROR 返回一个非 0 的值，表示有错误发生，事务处理回退到保留点。如果整个事务处理成功，发布 COMMIT 以保留数据。

> **提示：保留点越多越好**
> 可以在 SQL 代码中设置任意多的保留点，越多越好。为什么呢？因为保留点越多，你就越能灵活地进行回退。

20.3 小结

这一课介绍了事务是必须完整执行的 SQL 语句块。我们学习了如何使用 COMMIT 和 ROLLBACK 语句对何时写数据、何时撤销进行明确的管理；还学习了如何使用保留点，更好地控制回退操作。事务处理是个相当重要的主题，一课内容无法全部涉及。各种 DBMS 对事务处理的实现不同，详细内容请参考具体的 DBMS 文档。

第 21 课　使用游标

这一课将讲授什么是游标，如何使用游标。

21.1　游标

SQL 检索操作返回一组称为结果集的行，这组返回的行都是与 SQL 语句相匹配的行（零行到多行）。简单地使用 SELECT 语句，没有办法得到第一行、下一行或前 10 行。但这是关系 DBMS 功能的组成部分。

> **结果集（result set）**
> SQL 查询所检索出的结果。

有时，需要在检索出来的行中前进或后退一行或多行，这就是游标的用途所在。游标（cursor）是一个存储在 DBMS 服务器上的数据库查询，它不是一条 SELECT 语句，而是被该语句检索出来的结果集。在存储了游标之后，应用程序可以根据需要滚动或浏览其中的数据。

> **说明：SQLite 支持**
> SQLite 支持的游标称为步骤（step），本课讲述的基本概念适用于 SQLite 的步骤，但语法可能完全不同。

不同的 DBMS 支持不同的游标选项和特性。常见的一些选项和特性如下。

- 能够标记游标为只读，使数据能读取，但不能更新和删除。
- 能控制可以执行的定向操作（向前、向后、第一、最后、绝对位置和相对位置等）。
- 能标记某些列为可编辑的，某些列为不可编辑的。
- 规定范围，使游标对创建它的特定请求（如存储过程）或对所有请求可访问。
- 指示 DBMS 对检索出的数据（而不是指出表中活动数据）进行复制，使数据在游标打开和访问期间不变化。

游标主要用于交互式应用，其中用户需要滚动屏幕上的数据，并对数据进行浏览或做出更改。

21.2　使用游标

使用游标涉及几个明确的步骤。

- 在使用游标前，必须声明（定义）它。这个过程实际上没有检索数据，它只是定义要使用的 SELECT 语句和游标选项。
- 一旦声明，就必须打开游标以供使用。这个过程用前面定义的 SELECT 语句把数据实际检索出来。
- 对于填有数据的游标，根据需要取出（检索）各行。
- 在结束游标使用时，必须关闭游标，可能的话，释放游标（有赖于具体的 DBMS）。

声明游标后，可根据需要频繁地打开和关闭游标。在游标打开时，可根据需要频繁地执行取操作。

21.2.1 创建游标

使用 DECLARE 语句创建游标，这条语句在不同的 DBMS 中有所不同。DECLARE 命名游标，并定义相应的 SELECT 语句，根据需要带 WHERE 和其他子句。为了说明，我们创建一个游标来检索没有电子邮件地址的所有顾客，作为应用程序的组成部分，帮助操作人员找出空缺的电子邮件地址。

下面是创建此游标的 DB2、MariaDB、MySQL 和 SQL Server 版本。

输入▼

```
DECLARE CustCursor CURSOR
FOR
SELECT * FROM Customers
WHERE cust_email IS NULL;
```

下面是 Oracle 和 PostgreSQL 版本：

输入▼

```
DECLARE CURSOR CustCursor
IS
SELECT * FROM Customers
WHERE cust_email IS NULL;
```

分析▼

在上面两个版本中，DECLARE 语句用来定义和命名游标，这里为 CustCursor。SELECT 语句定义一个包含没有电子邮件地址（NULL 值）的所有顾客的游标。

定义游标之后，就可以打开它了。

21.2.2 使用游标

使用 OPEN CURSOR 语句打开游标，这条语句很简单，在大多数 DBMS 中的语法相同：

输入▼

```
OPEN CURSOR CustCursor
```

分析▼

在处理 OPEN CURSOR 语句时，执行查询，存储检索出的数据以供浏览和滚动。

现在可以用 FETCH 语句访问游标数据了。FETCH 指出要检索哪些行，从何处检索它们以及将它们放于何处（如变量名）。第一个例子使用 Oracle 语法从游标中检索一行（第一行）：

输入▼

```
DECLARE TYPE CustCursor IS REF CURSOR
    RETURN Customers%ROWTYPE;
DECLARE CustRecord Customers%ROWTYPE
BEGIN
    OPEN CustCursor;
    FETCH CustCursor INTO CustRecord;
    CLOSE CustCursor;
END;
```

分析▼

在这个例子中，FETCH 用来检索当前行（自动从第一行开始），放到声明的变量 CustRecord 中。对于检索出来的数据不做任何处理。

下一个例子（也使用 Oracle 语法）中，从第一行到最后一行，对检索出来的数据进行循环：

输入▼

```
DECLARE TYPE CustCursor IS REF CURSOR
    RETURN Customers%ROWTYPE;
DECLARE CustRecord Customers%ROWTYPE
BEGIN
    OPEN CustCursor;
    LOOP
    FETCH CustCursor INTO CustRecord;
    EXIT WHEN CustCursor%NOTFOUND;
       ...
    END LOOP;
    CLOSE CustCursor;
END;
```

分析▼

与前一个例子一样，这个例子使用 FETCH 检索当前行，放到一个名为 CustRecord 的变量中。但不一样的是，这里的 FETCH 位于 LOOP 内，因此它反复执行。代码 EXIT WHEN CustCursor%NOTFOUND 使在取不出更多的行时终止处理（退出循环）。这个例子也没有做实际的处理，实际例子中可用具体的处理代码替换省略号。

下面是另一个例子，这次使用 Microsoft SQL Server 语法：

输入▼

```
DECLARE @cust_id CHAR(10),
        @cust_name CHAR(50),
        @cust_address CHAR(50),
        @cust_city CHAR(50),
        @cust_state CHAR(5),
        @cust_zip CHAR(10),
        @cust_country CHAR(50),
        @cust_contact CHAR(50),
        @cust_email CHAR(255)
```

```
OPEN CustCursor
FETCH NEXT FROM CustCursor
    INTO @cust_id, @cust_name, @cust_address,
         @cust_city, @cust_state, @cust_zip,
         @cust_country, @cust_contact, @cust_email
   ...
WHILE @@FETCH_STATUS = 0
BEGIN

FETCH NEXT FROM CustCursor
        INTO @cust_id, @cust_name, @cust_address,
             @cust_city, @cust_state, @cust_zip,
             @cust_country, @cust_contact, @cust_email
...
END
CLOSE CustCursor
```

分析▼

在此例中，为每个检索出的列声明一个变量，FETCH 语句检索一行并保存值到这些变量中。使用 WHILE 循环处理每一行，条件 WHILE @@FETCH_STATUS = 0 在取不出更多的行时终止处理（退出循环）。这个例子也不进行具体的处理，实际代码中，应该用具体的处理代码替换其中的...。

21.2.3 关闭游标

如前面几个例子所述，游标在使用完毕时需要关闭。此外，SQL Server 等 DBMS 要求明确释放游标所占用的资源。下面是 DB2、Oracle 和 PostgreSQL 的语法。

输入▼

```
CLOSE CustCursor
```

下面是 Microsoft SQL Server 的版本。

输入▼

```
CLOSE CustCursor
DEALLOCATE CURSOR CustCursor
```

分析▼

CLOSE 语句用来关闭游标。一旦游标关闭，如果不再次打开，将不能使用。第二次使用它时不需要再声明，只需用 OPEN 打开它即可。

21.3　小结

我们在本课讲授了什么是游标，为什么使用游标。你使用的 DBMS 可能会提供某种形式的游标，以及这里没有提及的功能。更详细的内容请参阅具体的 DBMS 文档。

第 22 课　高级 SQL 特性

这一课介绍 SQL 所涉及的几个高级数据处理特性：约束、索引和触发器。

22.1　约束

SQL 已经改进过多个版本，成为非常完善和强大的语言。许多强有力的特性给用户提供了高级的数据处理技术，如约束。

关联表和引用完整性已经在前面讨论过几次。正如所述，关系数据库存储分解为多个表的数据，每个表存储相应的数据。利用键来建立从一个表到另一个表的引用［由此产生了术语引用完整性（referential integrity）］。

正确地进行关系数据库设计，需要一种方法保证只在表中插入合法数据。例如，如果 `Orders` 表存储订单信息，`OrderItems` 表存储订单详细内容，应该保证 `OrderItems` 中引用的任何订单 ID 都存在于 `Orders` 中。类似地，在 `Orders` 表中引用的任意顾客必须存在于 `Customers` 表中。

虽然可以在插入新行时进行检查（在另一个表上执行 `SELECT`，以保证所有值合法并存在），但最好不要这样做，原因如下。

- 如果在客户端层面上实施数据库完整性规则，则每个客户端都要被迫实施这些规则，一定会有一些客户端不实施这些规则。

- ❑ 在执行 UPDATE 和 DELETE 操作时，也必须实施这些规则。
- ❑ 执行客户端检查是非常耗时的，而 DBMS 执行这些检查会相对高效。

> **约束（constraint）**
> 管理如何插入或处理数据库数据的规则。

DBMS 通过在数据库表上施加约束来实施引用完整性。大多数约束是在表定义中定义的，如第 17 课所述，用 CREATE TABLE 或 ALTER TABLE 语句。

> **注意：具体 DBMS 的约束**
> 有几种不同类型的约束，每个 DBMS 都提供自己的支持。因此，这里给出的例子在不同的 DBMS 上可能有不同的反应。在进行试验之前，请参阅具体的 DBMS 文档。

22.1.1　主键

我们在第 1 课简单提过主键。主键是一种特殊的约束，用来保证一列（或一组列）中的值是唯一的，而且永不改动。换句话说，表中的一列（或多个列）的值唯一标识表中的每一行。这方便了直接或交互地处理表中的行。没有主键，要安全地 UPDATE 或 DELETE 特定行而不影响其他行会非常困难。

表中任意列只要满足以下条件，都可以用于主键。

- ❑ 任意两行的主键值都不相同。
- ❑ 每行都具有一个主键值（即列中不允许 NULL 值）。
- ❑ 包含主键值的列从不修改或更新。（大多数 DBMS 不允许这么做，但如果你使用的 DBMS 允许这样做，好吧，千万别！）

- 主键值不能重用。如果从表中删除某一行，其主键值不分配给新行。

一种定义主键的方法是创建它，如下所示。

输入▼

```
CREATE TABLE Vendors
(
    vend_id         CHAR(10)        NOT NULL PRIMARY KEY,
    vend_name       CHAR(50)        NOT NULL,
    vend_address    CHAR(50)        NULL,
    vend_city       CHAR(50)        NULL,
    vend_state      CHAR(5)         NULL,
    vend_zip        CHAR(10)        NULL,
    vend_country    CHAR(50)        NULL
);
```

分析▼

在此例子中，给表的 vend_id 列定义添加关键字 PRIMARY KEY，使其成为主键。

输入▼

```
ALTER TABLE Vendors
ADD CONSTRAINT PRIMARY KEY (vend_id);
```

分析▼

这里定义相同的列为主键，但使用的是 CONSTRAINT 语法。此语法也可以用于 CREATE TABLE 和 ALTER TABLE 语句。

> **说明：SQLite 中的键**
>
> SQLite 不允许使用 ALTER TABLE 定义键，要求在初始的 CREATE TABLE 语句中定义它们。

22.1.2 外键

外键是表中的一列，其值必须列在另一表的主键中。外键是保证引用完整性的极其重要部分。我们举个例子来理解外键。

Orders 表将录入到系统的每个订单作为一行包含其中。顾客信息存储在 Customers 表中。Orders 表中的订单通过顾客 ID 与 Customers 表中的特定行相关联。顾客 ID 为 Customers 表的主键，每个顾客都有唯一的 ID。订单号为 Orders 表的主键，每个订单都有唯一的订单号。

Orders 表中顾客 ID 列的值不一定是唯一的。如果某个顾客有多个订单，则有多个行具有相同的顾客 ID（虽然每个订单都有不同的订单号）。同时，Orders 表中顾客 ID 列的合法值为 Customers 表中顾客的 ID。

这就是外键的作用。在这个例子中，在 Orders 的顾客 ID 列上定义了一个外键，因此该列只能接受 Customers 表的主键值。

下面是定义这个外键的方法。

输入▼

```
CREATE TABLE Orders
(
    order_num     INTEGER      NOT NULL PRIMARY KEY,
    order_date    DATETIME     NOT NULL,
    cust_id       CHAR(10)     NOT NULL REFERENCES Customers(cust_id)
);
```

分析▼

其中的表定义使用了 REFERENCES 关键字，它表示 cust_id 中的任何值都必须是 Customers 表的 cust_id 中的值。

相同的工作也可以在 ALTER TABLE 语句中用 CONSTRAINT 语法来完成：

输入▼

```
ALTER TABLE Orders
ADD CONSTRAINT
FOREIGN KEY (cust_id) REFERENCES Customers (cust_id);
```

提示：外键有助防止意外删除

如第 16 课所述，除帮助保证引用完整性外，外键还有另一个重要作用。在定义外键后，DBMS 不允许删除在另一个表中具有关联行的行。例如，不能删除关联订单的顾客。删除该顾客的唯一方法是首先删除相关的订单（这表示还要删除相关的订单项）。由于需要一系列的删除，因而利用外键可以防止意外删除数据。

有的 DBMS 支持称为级联删除（cascading delete）的特性。如果启用，该特性在从一个表中删除行时删除所有相关的数据。例如，如果启用级联删除并且从 Customers 表中删除某个顾客，则任何关联的订单行也会被自动删除。

22.1.3 唯一约束

唯一约束用来保证一列（或一组列）中的数据是唯一的。它们类似于主键，但存在以下重要区别。

- 表可包含多个唯一约束，但每个表只允许一个主键。
- 唯一约束列可包含 NULL 值。
- 唯一约束列可修改或更新。
- 唯一约束列的值可重复使用。
- 与主键不一样，唯一约束不能用来定义外键。

employees 表是一个使用约束的例子。每个雇员都有唯一的社会安全号，但我们并不想用它作主键，因为它太长（而且我们也不想使该信息容易利用）。因此，每个雇员除了其社会安全号外还有唯一的雇员 ID（主键）。

雇员 ID 是主键，可以确定它是唯一的。你可能还想使 DBMS 保证每个社会安全号也是唯一的（保证输入错误不会导致使用他人号码）。可以通过在社会安全号列上定义 UNIQUE 约束做到。

唯一约束的语法类似于其他约束的语法。唯一约束既可以用 UNIQUE 关键字在表定义中定义，也可以用单独的 CONSTRAINT 定义。

22.1.4　检查约束

检查约束用来保证一列（或一组列）中的数据满足一组指定的条件。检查约束的常见用途有以下几点。

- 检查最小或最大值。例如，防止 0 个物品的订单（即使 0 是合法的数）。
- 指定范围。例如，保证发货日期大于等于今天的日期，但不超过今天起一年后的日期。
- 只允许特定的值。例如，在性别字段中只允许 M 或 F。

换句话说，第 1 课介绍的数据类型限制了列中可保存的数据的类型。检查约束在数据类型内又做了进一步的限制，这些限制极其重要，可以确保插入数据库的数据正是你想要的数据。不需要依赖于客户端应用程序或用户来保证正确获取它，DBMS 本身将会拒绝任何无效的数据。

下面的例子对 OrderItems 表施加了检查约束，它保证所有物品的数量大于 0。

输入▼

```
CREATE TABLE OrderItems
(
    order_num     INTEGER      NOT NULL,
    order_item    INTEGER      NOT NULL,
    prod_id       CHAR(10)     NOT NULL,
    quantity      INTEGER      NOT NULL CHECK (quantity > 0),
    item_price    MONEY        NOT NULL
);
```

分析▼

利用这个约束，任何插入（或更新）的行都会被检查，保证 quantity 大于 0。

检查名为 gender 的列只包含 M 或 F，可编写如下的 ALTER TABLE 语句：

输入▼

```
ADD CONSTRAINT CHECK (gender LIKE '[MF]');
```

> **提示：用户定义数据类型**
>
> 有的 DBMS 允许用户定义自己的数据类型。它们是定义检查约束（或其他约束）的基本简单数据类型。例如，你可以定义自己的名为 gender 的数据类型，它是单字符的文本数据类型，带限制其值为 M 或 F（对于未知值或许还允许 NULL）的检查约束。然后，可以将此数据类型用于表的定义。定制数据类型的优点是只需施加约束一次（在数据类型定义中），而每当使用该数据类型时，都会自动应用这些约束。请查阅相应的 DBMS 文档，看它是否支持自定义数据类型。

22.2　索引

索引用来排序数据以加快搜索和排序操作的速度。想象一本书后的索引（如本书后的索引），可以帮助你理解数据库的索引。

假如要找出本书中所有的“数据类型”这个词，简单的办法是从第 1 页开始，浏览每一行。虽然这样做可以完成任务，但显然不是一种好的办法。浏览少数几页文字可能还行，但以这种方式浏览整部书就不可行了。随着要搜索的页数不断增加，找出所需词汇的时间也会增加。

这就是书籍要有索引的原因。索引按字母顺序列出词汇及其在书中的位置。为了搜索“数据类型”一词，可在索引中找出该词，确定它出现在哪些页中。然后再翻到这些页，找出“数据类型”一词。

索引靠什么起作用？很简单，就是恰当的排序。找出书中词汇的困难不在于必须进行多少搜索，而在于书的内容没有按词汇排序。如果书的内容像字典一样排序，则索引没有必要（因此字典就没有索引）。

数据库索引的作用也一样。主键数据总是排序的，这是 DBMS 的工作。因此，按主键检索特定行总是一种快速有效的操作。

但是，搜索其他列中的值通常效率不高。例如，如果想搜索住在某个州的客户，怎么办？因为表数据并未按州排序，DBMS 必须读出表中所有行（从第一行开始），看其是否匹配。这就像要从没有索引的书中找出词汇一样。

解决方法是使用索引。可以在一个或多个列上定义索引，使 DBMS 保存其内容的一个排过序的列表。在定义了索引后，DBMS 以使用书的索引类似的方法使用它。DBMS 搜索排过序的索引，找出匹配的位置，然后检索这些行。

在开始创建索引前，应该记住以下内容。

- 索引改善检索操作的性能，但降低了数据插入、修改和删除的性能。在执行这些操作时，DBMS 必须动态地更新索引。
- 索引数据可能要占用大量的存储空间。
- 并非所有数据都适合做索引。取值不多的数据（如州）不如具有更多可能值的数据（如姓或名），能通过索引得到那么多的好处。
- 索引用于数据过滤和数据排序。如果你经常以某种特定的顺序排序数据，则该数据可能适合做索引。
- 可以在索引中定义多个列（例如，州加上城市）。这样的索引仅在以州加城市的顺序排序时有用。如果想按城市排序，则这种索引没有用处。

没有严格的规则要求什么应该索引，何时索引。大多数 DBMS 提供了可用来确定索引效率的实用程序，应该经常使用这些实用程序。

索引用 `CREATE INDEX` 语句创建（不同 DBMS 创建索引的语句变化很大）。下面的语句在 `Products` 表的产品名列上创建一个简单的索引。

输入▼

```
CREATE INDEX prod_name_ind
ON Products (prod_name);
```

分析▼

索引必须唯一命名。这里的索引名 `prod_name_ind` 在关键字 `CREATE INDEX` 之后定义。`ON` 用来指定被索引的表，而索引中包含的列（此例中仅有一列）在表名后的圆括号中给出。

> **提示：检查索引**
> 索引的效率随表数据的增加或改变而变化。许多数据库管理员发现，过去创建的某个理想的索引经过几个月的数据处理后可能变得不再理想了。最好定期检查索引，并根据需要对索引进行调整。

22.3 触发器

触发器是特殊的存储过程，它在特定的数据库活动发生时自动执行。触发器可以与特定表上的 INSERT、UPDATE 和 DELETE 操作（或组合）相关联。

与存储过程不一样（存储过程只是简单的存储 SQL 语句），触发器与单个的表相关联。与 Orders 表上的 INSERT 操作相关联的触发器只在 Orders 表中插入行时执行。类似地，Customers 表上的 INSERT 和 UPDATE 操作的触发器只在表上出现这些操作时执行。

触发器内的代码具有以下数据的访问权：

- INSERT 操作中的所有新数据；
- UPDATE 操作中的所有新数据和旧数据；
- DELETE 操作中删除的数据。

根据所使用的 DBMS 的不同，触发器可在特定操作执行之前或之后执行。

下面是触发器的一些常见用途。

- 保证数据一致。例如，在 INSERT 或 UPDATE 操作中将所有州名转换为大写。
- 基于某个表的变动在其他表上执行活动。例如，每当更新或删除一行时将审计跟踪记录写入某个日志表。

- 进行额外的验证并根据需要回退数据。例如，保证某个顾客的可用资金不超限定，如果已经超出，则阻塞插入。
- 计算计算列的值或更新时间戳。

读者可能已经注意到了，不同 DBMS 的触发器创建语法差异很大，更详细的信息请参阅相应的文档。

下面的例子创建一个触发器，它对所有 INSERT 和 UPDATE 操作，将 Customers 表中的 cust_state 列转换为大写。

这是本例子的 SQL Server 版本。

输入▼

```
CREATE TRIGGER customer_state
ON Customers
FOR INSERT, UPDATE
AS
UPDATE Customers
SET cust_state = Upper(cust_state)
WHERE Customers.cust_id = inserted.cust_id;
```

这是本例子的 Oracle 和 PostgreSQL 的版本：

输入▼

```
CREATE TRIGGER customer_state
AFTER INSERT OR UPDATE
FOR EACH ROW
BEGIN
UPDATE Customers
SET cust_state = Upper(cust_state)
WHERE Customers.cust_id = :OLD.cust_id
END;
```

> **提示：约束比触发器更快**
> 一般来说，约束的处理比触发器快，因此在可能的时候，应该尽量使用约束。

22.4　数据库安全

对于组织来说，没有什么比它的数据更重要了，因此应该保护这些数据，使其不被偷盗或任意浏览。当然，数据也必须允许需要访问它的用户访问，因此大多数 DBMS 都给管理员提供了管理机制，利用管理机制授予或限制对数据的访问。

任何安全系统的基础都是用户授权和身份确认。这是一种处理，通过这种处理对用户进行确认，保证他是有权用户，允许执行他要执行的操作。有的 DBMS 为此结合使用了操作系统的安全措施，而有的维护自己的用户及密码列表，还有一些结合使用外部目录服务服务器。

一般说来，需要保护的操作有：

- 对数据库管理功能（创建表、更改或删除已存在的表等）的访问；
- 对特定数据库或表的访问；
- 访问的类型（只读、对特定列的访问等）；
- 仅通过视图或存储过程对表进行访问；
- 创建多层次的安全措施，从而允许多种基于登录的访问和控制；
- 限制管理用户账号的能力。

安全性使用 SQL 的 GRANT 和 REVOKE 语句来管理，不过，大多数 DBMS 提供了交互式的管理实用程序，这些实用程序在内部使用 GRANT 和 REVOKE 语句。

22.5 小结

本课讲授如何使用 SQL 的一些高级特性。约束是实施引用完整性的重要部分，索引可改善数据检索的性能，触发器可以用来执行运行前后的处理，安全选项可用来管理数据访问。不同的 DBMS 可能会以不同的形式提供这些特性，更详细的信息请参阅具体的 DBMS 文档。

附录 A　样例表脚本

编写 SQL 语句需要良好地理解基本数据库设计。如果不知道什么信息存放在什么表中，表与表之间如何互相关联，行中数据如何分解，那么要编写高效的 SQL 是不可能的。

强烈建议读者实际练习本书的每个例子。所有课都共同使用了一组数据文件。为帮助你更好地理解这些例子、学好各课内容，本附录描述了所用的表、表之间的关系以及如何创建（或获得）它们。

A.1　样例表

本书中所用的表是一个假想玩具经销商使用的订单录入系统的组成部分。这些表用来完成以下几项任务：

- 管理供应商；
- 管理产品目录；
- 管理顾客列表；
- 录入顾客订单。

完成它们需要 5 个表（它们作为一个关系数据库设计的组成部分紧密关联）。以下各节给出每个表的描述。

> **说明：简化的例子**
>
> 这里使用的表不完整，现实世界中的订单录入系统还会记录这里所没有的大量数据（如工资和记账信息、发货追踪信息等）。不过，这些表确实示范了现实世界中你将遇到的各种数据的组织和关系。读者可以将这些技术用于自己的数据库。

表的描述

下面介绍 5 个表及每个表内的列名。

1. Vendors 表

Vendors 表存储销售产品的供应商。每个供应商在这个表中有一个记录，供应商 ID 列（vend_id）用于进行产品与供应商的匹配。

表A-1　Vendors表的列

列	说　明
vend_id	唯一的供应商ID
vend_name	供应商名
vend_address	供应商的地址
vend_city	供应商所在城市
vend_state	供应商所在州
vend_zip	供应商地址邮政编码
vend_country	供应商所在国家

- 所有表都应该有主键。这个表应该用 vend_id 作为其主键。

2. Products 表

Products 表包含产品目录，每行一个产品。每个产品有唯一的 ID（prod_id 列），并且借助 vend_id（供应商的唯一 ID）与供应商相关联。

表A-2 Products表的列

列	说明
prod_id	唯一的产品ID
vend_id	产品供应商ID（关联到Vendors表的vend_id）
prod_name	产品名
prod_price	产品价格
prod_desc	产品描述

- 所有表都应该有主键。这个表应该用 prod_id 作为其主键。
- 为实施引用完整性，应该在 vend_id 上定义一个外键，关联到 Vendors 的 vend_id 列。

3. Customers 表

Customers 表存储所有顾客信息。每个顾客有唯一的 ID（cust_id 列）。

表A-3 Customers表的列

列	说明
cust_id	唯一的顾客ID
cust_name	顾客名
cust_address	顾客的地址
cust_city	顾客所在城市
cust_state	顾客所在州
cust_zip	顾客地址邮政编码
cust_country	顾客所在国家
cust_contact	顾客的联系名
cust_email	顾客的电子邮件地址

- 所有表都应该有主键。这个表应该用 cust_id 作为它的主键。

4. Orders 表

Orders 表存储顾客订单（不是订单细节）。每个订单唯一编号（order_

num 列）。Orders 表按 cust_id 列（关联到 Customers 表的顾客唯一 ID）关联到相应的顾客。

表A-4 Orders表的列

列	说 明
order_num	唯一的订单号
order_date	订单日期
cust_id	订单顾客ID（关联到Customers表的cust_id）

- 所有表都应该有主键。这个表应该用 order_num 作为其主键。
- 为实施引用完整性，应该在 cust_id 上定义一个外键，关联到 Customers 的 cust_id 列。

5. OrderItems 表

OrderItems 表存储每个订单中的实际物品，每个订单的每个物品一行。对于 Orders 表的每一行，在 OrderItems 表中有一行或多行。每个订单物品由订单号加订单物品（第一个物品、第二个物品等）唯一标识。订单物品用 order_num 列（关联到 Orders 表中订单的唯一 ID）与其相应的订单相关联。此外，每个订单物品包含该物品的产品 ID（把物品关联到 Products 表）。

表A-5 OrderItems表的列

列	说 明
order_num	订单号（关联到Orders表的order_num）
order_item	订单物品号（订单内的顺序）
prod_id	产品ID（关联到Products表的prod_id）
quantity	物品数量
item_price	物品价格

- 所有表都应该有主键。这个表应该用 order_num 和 order_item 作为其主键。
- 为实施引用完整性，应该在 order_num 和 prod_id 上定义外键，关联 order_num 到 Orders 的 order_num 列，关联 prod_id 到 Products 的 prod_id 列。

数据库管理员通常使用关系图来说明数据库表的关联方式。要记住，正如上面表描述提到的，外键定义了这些关系。图 A-1 是本附录描述的五个表的关系图。

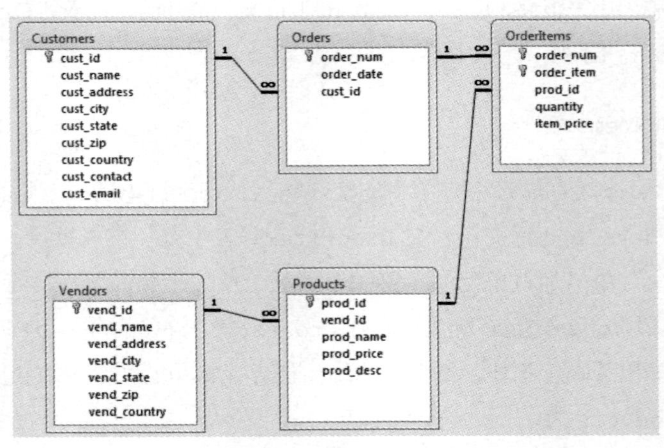

图 A-1　样例表关系图

A.2　获得样例表

学习各个例子，需要一组填充了数据的表。所需要获得和运行的东西都可以在本书网页 http://forta.com/books/0135182794 找到。

可以从上述 URL 下载适用于你的 DBMS 的 SQL 脚本。对于每个 DBMS，有两个文件：

- create.txt 包含创建 5 个数据库表（包括定义所有主键和外键约束）的 SQL 语句。
- populate.txt 包含用来填充这些表的 SQL INSERT 语句。

这些文件中的 SQL 语句依赖于具体的 DBMS，因此应该执行适合于你的 DBMS 的那个。这些脚本为方便读者而提供，作者对执行它们万一引起的问题不承担任何责任。

在本书付印时，有以下脚本可供使用：

- IBM DB2（包括云上 DB2）；
- Microsoft SQL Server（包括 Microsoft SQL Server Express）；
- MariaDB
- MySQL；
- Oracle（包括 Oracle Express）；
- PostgreSQL；
- SQLite。

> **提示：SQLite 数据文件**
> SQLite 把数据文件存储在单独一个文件里。你可以使用创建和填充脚本创建自己的数据文件。或者简单起见，直接从前面的网站下载一个立即可用的文件。

适用于其他 DBMS 的脚本可能会根据需要或请求而增加。

附录 B 提供了在几个流行环境中执行脚本的说明。

> **说明：创建，然后填充**
> 必须在执行表填充脚本前执行表创建脚本。应该检查这些脚本返回的错误。如果创建脚本失败，则应该在继续表填充前解决存在的问题。

说明：具体 DBMS 的设置指令

用于设置DBMS的具体步骤依使用的DBMS有很大不同。从本书网页下载脚本或数据库时，你会看到README文件，它提供了针对特定DBMS的具体设置和安装步骤。

附录 B　SQL 语句的语法

为帮助读者在需要时找到相应语句的语法，本附录列出了最常使用的 SQL 语句的语法。每条语句以简要的描述开始，然后给出它的语法。为更方便查询，还标注了相应语句所在的课。

在阅读语句语法时，应该记住以下约定。

- |符号用来指出几个选择中的一个，因此，NULL | NOT NULL 表示或者给出 NULL 或者给出 NOT NULL。
- 包含在方括号中的关键字或子句（如[like this]）是可选的。
- 下面列出的语法几乎对所有 DBMS 都有效。关于具体语法可能变动的细节，建议读者参考自己的 DBMS 文档。

B.1　ALTER TABLE

ALTER TABLE 用来更新已存在表的结构。为了创建新表，应该使用 CREATE TABLE。详细信息，请参阅第 17 课。

输入▼

```
ALTER TABLE tablename
(
  ADD|DROP   column datatype   [NULL|NOT NULL]   [CONSTRAINTS],
  ADD|DROP   column datatype   [NULL|NOT NULL]   [CONSTRAINTS],
```

```
    ...
);
```

B.2　COMMIT

COMMIT 用来将事务写入数据库。详细内容请参阅第 20 课。

输入▼

```
COMMIT [TRANSACTION];
```

B.3　CREATE INDEX

CREATE INDEX 用于在一个或多个列上创建索引。详细内容请参阅第 22 课。

输入▼

```
CREATE INDEX indexname
ON tablename (column, ...);
```

B.4　CREATE PROCEDURE

CREATE PROCEDURE 用于创建存储过程。详细内容请参阅第 19 课。正如所述，Oracle 使用的语法稍有不同。

输入▼

```
CREATE PROCEDURE procedurename [parameters] [options]
AS
SQL statement;
```

B.5　CREATE TABLE

CREATE TABLE 用于创建新数据库表。更新已经存在的表的结构，使用 ALTER TABLE。详细内容请参阅第 17 课。

输入▼

```
CREATE TABLE tablename
(
    column    datatype    [NULL|NOT NULL]    [CONSTRAINTS],
    column    datatype    [NULL|NOT NULL]    [CONSTRAINTS],
       ...
);
```

B.6　CREATE VIEW

CREATE VIEW 用来创建一个或多个表上的新视图。详细内容请参阅第 18 课。

输入▼

```
CREATE VIEW viewname AS
SELECT columns, ...
FROM tables, ...
[WHERE ...]
[GROUP BY ...]
[HAVING ...];
```

B.7　DELETE

DELETE 从表中删除一行或多行。详细内容请参阅第 16 课。

输入▼

```
DELETE FROM tablename
[WHERE ...];
```

B.8　DROP

DROP 永久地删除数据库对象（表、视图、索引等）。详细内容请参阅第 17、18 课。

输入▼

```
DROP INDEX|PROCEDURE|TABLE|VIEW indexname|procedurename|tablename|
viewname;
```

B.9　INSERT

INSERT 为表添加一行。详细内容请参阅第 15 课。

输入▼

```
INSERT INTO tablename [(columns, ...)]
VALUES(values, ...);
```

B.10　INSERT SELECT

INSERT SELECT 将 SELECT 的结果插入到一个表。详细内容请参阅第 15 课。

输入▼

```
INSERT INTO tablename [(columns, ...)]
SELECT columns, ... FROM tablename, ...
[WHERE ...];
```

B.11　ROLLBACK

ROLLBACK 用于撤销一个事务块。详细内容请参阅第 20 课。

输入▼

```
ROLLBACK [TO savepointname];
```

或者：

输入▼

```
ROLLBACK TRANSACTION;
```

B.12　SELECT

SELECT 用于从一个或多个表（视图）中检索数据。更多的基本信息，请参阅第 2、3、4 课（2 ~ 14 课都与 SELECT 有关）。

输入▼

```
SELECT columnname, ...
FROM tablename, ...
[WHERE ...]
[UNION ...]
[GROUP BY ...]
[HAVING ...]
[ORDER BY ...];
```

B.13　UPDATE

UPDATE 更新表中的一行或多行。详细内容请参阅第 16 课。

输入▼

```
UPDATE tablename
SET columname = value, ...
[WHERE ...];
```

附录 C　SQL 数据类型

正如第 1 课所述，数据类型是定义列中可以存储什么数据以及该数据实际怎样存储的基本规则。

数据类型用于以下目的。

- 数据类型允许限制可存储在列中的数据。例如，数值数据类型列只能接受数值。
- 数据类型允许在内部更有效地存储数据。可以用一种比文本字符串更简洁的格式存储数值和日期时间值。
- 数据类型允许变换排序顺序。如果所有数据都作为字符串处理，则 1 位于 10 之前，而 10 又位于 2 之前（字符串以字典顺序排序，从左边开始比较，一次一个字符）。作为数值数据类型，数值才能正确排序。

在设计表时，应该特别重视所用的数据类型。使用错误的数据类型可能会严重影响应用程序的功能和性能。更改包含数据的列不是一件小事（而且这样做可能会导致数据丢失）。

本附录虽然不是关于数据类型及其如何使用的完整教材，但介绍了主要的数据类型、用途、兼容性等问题。

注意：任意两个 DBMS 都不是完全相同的

以前曾经说过，现在还需要再次提醒。不同 DBMS 的数据类型可能有很大的不同。在不同 DBMS 中，即使具有相同名称的数据类型也可能代表不同的东西。关于具体的 DBMS 支持何种数据类型以及如何支持的详细信息，请参阅具体的 DBMS 文档。

C.1　字符串数据类型

最常用的数据类型是字符串数据类型。它们存储字符串，如名字、地址、电话号码、邮政编码等。有两种基本的字符串类型，分别为定长字符串和变长字符串（参见表 C-1）。

表C-1　串数据类型

数据类型	说　明
CHAR	1 ~ 255个字符的定长字符串。它的长度必须在创建时规定
NCHAR	CHAR的特殊形式，用来支持多字节或Unicode字符（此类型的不同实现变化很大）
NVARCHAR	TEXT的特殊形式，用来支持多字节或Unicode字符（此类型的不同实现变化很大）
TEXT（也称为LONG、MEMO或VARCHAR）	变长文本

定长字符串接受长度固定的字符串，其长度是在创建表时指定的。例如，名字列可允许 30 个字符，而社会安全号列允许 11 个字符（允许的字符数目中包括两个破折号）。定长列不允许多于指定的字符数目。它们分配的存储空间与指定的一样多。因此，如果字符串 Ben 存储到 30 个字符的名字字段，则存储的是 30 个字符，缺少的字符用空格填充，或根据需要补为 NULL。

变长字符串存储任意长度的文本（其最大长度随不同的数据类型和 DBMS 而变化）。有些变长数据类型具有最小的定长，而有些则是完全变长的。不管是哪种，只有指定的数据得以保存（额外的数据不保存）。

既然变长数据类型这样灵活，为什么还要使用定长数据类型？答案是性能。DBMS 处理定长列远比处理变长列快得多。此外，许多 DBMS 不允许对变长列（或一个列的可变部分）进行索引，这也会极大地影响性能（详细请参阅第 22 课）。

提示：使用引号

不管使用何种形式的字符串数据类型，字符串值都必须括在单引号内。

注意：当数值不是数值时

你可能会认为电话号码和邮政编码应该存储在数值字段中（数值字段只存储数值数据），但是这样做并不可取。如果在数值字段中存储邮政编码 01234，则保存的将是数值 1234，实际上丢失了一位数字。

需要遵守的基本规则是：如果数值是计算（求和、平均等）中使用的数值，则应该存储在数值数据类型列中；如果作为字符串（可能只包含数字）使用，则应该保存在字符串数据类型列中。

C.2 数值数据类型

数值数据类型存储数值。多数 DBMS 支持多种数值数据类型，每种存储的数值具有不同的取值范围。显然，支持的取值范围越大，所需存储空间越多。此外，有的数值数据类型支持使用十进制小数点（和小数），而有的则只支持整数。表 C-2 列出了常用的数值数据类型。并非所有 DBMS 都支持所列出的名称约定和描述。

表C-2　数值数据类型

数据类型	说　　明
BIT	单个二进制位值，或者为0或者为1，主要用于开/关标志
DECIMAL（或NUMERIC）	定点或精度可变的浮点值
FLOAT（或NUMBER）	浮点值
INT（或INTEGER）	4字节整数值，支持-2147483648～2147483647的数
REAL	4字节浮点值
SMALLINT	2字节整数值，支持-32768～32767的数
TINYINT	1字节整数值，支持0～255的数

提示：不使用引号

与字符串不一样，数值不应该括在引号内。

提示：货币数据类型

多数DBMS支持一种用来存储货币值的特殊数值数据类型。一般记为MONEY或CURRENCY，这些数据类型基本上是有特定取值范围的DECIMAL数据类型，更适合存储货币值。

C.3　日期和时间数据类型

所有DBMS都支持用来存储日期和时间值的数据类型（见表C-3）。与数值一样，多数DBMS都支持多种数据类型，每种具有不同的取值范围和精度。

注意：指定日期

不存在所有DBMS都理解的定义日期的标准方法。多数实现都理解诸如2020-12-30或Dec 30th, 2020等格式，但即使这样，有的DBMS还是不理解它们。至于具体的DBMS能识别哪些日期格式，请参阅相应的文档。

表C-3　日期和时间数据类型

数据类型	说　明
DATE	日期值
DATETIME（或TIMESTAMP）	日期时间值
SMALLDATETIME	日期时间值，精确到分（无秒或毫秒）
TIME	时间值

提示：ODBC 日期

因为每种 DBMS 都有自己特定的日期格式，所以 ODBC 创建了一种自己的格式，在使用 ODBC 时对每种数据库都起作用。ODBC 格式对于日期类似于`{d '2020-12-30'}`，对于时间类似于`{t '21:46:29'}`，而对于日期时间类似于`{ts '2020-12-30 21:46:29'}`。如果通过 ODBC 使用 SQL，应该以这种方式格式化日期和时间。

C.4　二进制数据类型

二进制数据类型是最不具有兼容性（幸运的是，也是最少使用）的数据类型。与迄今为止介绍的所有数据类型（它们具有特定的用途）不一样，二进制数据类型可包含任何数据，甚至可包含二进制信息，如图像、多媒体、字处理文档等（参见表 C-4）。

表C-4　二进制数据类型

数据类型	说　明
BINARY	定长二进制数据（最大长度从255 B到8000 B，有赖于具体的实现）
LONG RAW	变长二进制数据，最长2 GB
RAW（某些实现为BINARY）	定长二进制数据，最多255 B
VARBINARY	变长二进制数据（最大长度一般在255 B到8000 B间变化，依赖于具体的实现）

说明：数据类型对比

如果你想看一个数据库比较的实际例子，请考虑本书中用来建立样例表的表创建脚本（参看附录 A）。通过比较这些用于不同 DBMS 的脚本，可看到数据类型匹配是一项多么复杂的任务。

附录D SQL保留字

SQL是由关键字组成的语言，关键字是一些用于执行SQL操作的特殊词汇。在命名数据库、表、列和其他数据库对象时，一定不要使用这些关键字。因此，这些关键字是一定要保留的。

本附录列出主要DBMS中最常用的保留字。请注意以下几点。

- 关键字随不同的 DBMS 而变化，并非下面的所有关键字都被所有DBMS采用。
- 许多DBMS扩展了SQL保留字，使其包含专门用于实现的术语。多数DBMS专用的关键字未列在下面。
- 为保证以后的兼容性和可移植性，应避免使用这些保留字，即使它们不是你使用的DBMS的保留字。

```
ABORT
ABSOLUTE
ACTION
ACTIVE
ADD
AFTER
ALL
ALLOCATE
ALTER
ANALYZE
AND
ANY
ARE
AS
ASC
ASCENDING
ASSERTION
AT
AUTHORIZATION
AUTO
AUTO-INCREMENT
AUTOINC
AVG
BACKUP
BEFORE
BEGIN
BETWEEN
BIGINT
BINARY
BIT
BLOB
BOOLEAN
BOTH
BREAK
BROWSE
BULK
BY
BYTES
CACHE
```

CALL
CASCADE
CASCADED
CASE
CAST
CATALOG
CHANGE
CHAR
CHARACTER
CHARACTER_LENGTH
CHECK
CHECKPOINT
CLOSE
CLUSTER
CLUSTERED
COALESCE
COLLATE
COLUMN
COLUMNS
COMMENT
COMMIT
COMMITTED
COMPUTE
COMPUTED
CONDITIONAL
CONFIRM
CONNECT
CONNECTION
CONSTRAINT
CONSTRAINTS
CONTAINING
CONTAINS
CONTAINSTABLE
CONTINUE
CONTROLROW
CONVERT
COPY
COUNT
CREATE
CROSS
CSTRING
CUBE
CURRENT
CURRENT_DATE
CURRENT_TIME
CURRENT_TIMESTAMP
CURRENT_USER
CURSOR
DATABASE
DATABASES
DATE
DATETIME
DAY
DBCC
DEALLOCATE
DEBUG
DEC
DECIMAL
DECLARE
DEFAULT
DELETE
DENY
DESC
DESCENDING
DESCRIBE
DISCONNECT
DISK
DISTINCT
DISTRIBUTED
DIV
DO
DOMAIN
DOUBLE
DROP
DUMMY
DUMP
ELSE
ELSEIF
ENCLOSED
END
ERRLVL
ERROREXIT
ESCAPE
ESCAPED
EXCEPT
EXCEPTION
EXEC
EXECUTE
EXISTS
EXIT
EXPLAIN
EXTEND
EXTERNAL
EXTRACT
FALSE
FETCH
FIELD
FIELDS
FILE
FILLFACTOR
FILTER
FLOAT
FLOPPY
FOR
FORCE
FOREIGN
FOUND
FREETEXT
FREETEXTTABLE
FROM
FULL
FUNCTION
GENERATOR
GET
GLOBAL
GO
GOTO
GRANT
GROUP
HAVING
HOLDLOCK
HOUR
IDENTITY
IF
IN
INACTIVE

INDEX
INDICATOR
INFILE
INNER
INOUT
INPUT
INSENSITIVE
INSERT
INT
INTEGER
INTERSECT
INTERVAL
INTO
IS
ISOLATION
JOIN
KEY
KILL
LANGUAGE
LAST
LEADING
LEFT
LENGTH
LEVEL
LIKE
LIMIT
LINENO
LINES
LISTEN
LOAD
LOCAL
LOCK
LOGFILE
LONG
LOWER
MANUAL
MATCH
MAX
MERGE
MESSAGE
MIN
MINUTE
MIRROREXIT
MODULE
MONEY
MONTH
MOVE
NAMES
NATIONAL
NATURAL
NCHAR
NEXT
NEW
NO
NOCHECK
NONCLUSTERED
NONE
NOT
NULL
NULLIF
NUMERIC
OF
OFF
OFFSET
OFFSETS
ON
ONCE
ONLY
OPEN
OPTION
OR
ORDER
OUTER
OUTPUT
OVER
OVERFLOW
OVERLAPS
PAD
PAGE
PAGES
PARAMETER
PARTIAL
PASSWORD
PERCENT
PERM
PERMANENT
PIPE
PLAN
POSITION
PRECISION
PREPARE
PRIMARY
PRINT
PRIOR
PRIVILEGES
PROC
PROCEDURE
PROCESSEXIT
PROTECTED
PUBLIC
PURGE
RAISERROR
READ
READTEXT
REAL
REFERENCES
REGEXP
RELATIVE
RENAME
REPEAT
REPLACE
REPLICATION
REQUIRE
RESERV
RESERVING
RESET
RESTORE
RESTRICT
RETAIN
RETURN
RETURNS
REVOKE
RIGHT
ROLLBACK
ROLLUP
ROWCOUNT

RULE
SAVE
SAVEPOINT
SCHEMA
SECOND
SECTION
SEGMENT
SELECT
SENSITIVE
SEPARATOR
SEQUENCE
SESSION_USER
SET
SETUSER
SHADOW
SHARED
SHOW
SHUTDOWN
SINGULAR
SIZE
SMALLINT
SNAPSHOT
SOME
SORT
SPACE
SQL
SQLCODE
SQLERROR
STABILITY
STARTING
STARTS
STATISTICS
SUBSTRING
SUM
SUSPEND
TABLE
TABLES
TEMP
TEMPORARY
TEXT
TEXTSIZE
THEN
TIME
TIMESTAMP
TO
TOP
TRAILING
TRAN
TRANSACTION
TRANSLATE
TRIGGER
TRIM
TRUE
TRUNCATE
TYPE
UNCOMMITTED
UNION
UNIQUE
UNTIL
UPDATE
UPDATETEXT
UPPER
USAGE
USE
USER
USING
VALUE
VALUES
VARCHAR
VARIABLE
VARYING
VERBOSE
VIEW
VOLUME
WAIT
WAITFOR
WHEN
WHERE
WHILE
WITH
WORK
WRITE
WRITETEXT
XOR
YEAR
ZONE

常用 SQL 语句速查

ALTER TABLE

ALTER TABLE 用来更新现存表的模式。可以用 CREATE TABLE 来创建一个新表。详情可参见第 17 课。

COMMIT

COMMIT 用来将事务写入数据库。详情可参见第 20 课。

CREATE INDEX

CREATE INDEX 用来为一列或多列创建索引。详情可参见第 22 课。

CREATE TABLE

CREATE TABLE 用来创建新的数据库表。可以用 ALTER TABLE 来更新一个现存表的模式。详情可参见第 17 课。

CREATE VIEW

CREATE VIEW 用来创建一个或多个表的视图。详情可参见第 18 课。

DELETE

DELETE 用来从表中删除一行或多行。详情可参见第 16 课。

DROP

DROP 用来永久性地删除数据库对象（表、视图和索引等）。详情可参见

第 17 课和第 18 课。

INSERT

INSERT 用来对表添加一个新行。详情可参见第 15 课。

INSERT SELECT

INSERT SELECT 用来将 SELECT 的结果插入到表中。详情可参见第 15 课。

ROLLBACK

ROLLBACK 用来撤销事务块。详情可参见第 20 课。

SELECT

SELECT 用来从一个或多个表（或视图）中检索数据。详情可参见第 2 课、第 3 课和第 4 课（第 2 课到第 14 课从不同方面涉及了 SELECT）。

UPDATE

UPDATE 用来对表中的一行或多行进行更新。详情可参见第 16 课。

索　引